阜阳职业技术学院

国家骨干高职院校建设项目成果

数控技术专业系列教材编委会

主　　任　田　莉　李　平

副 主 任　杨　辉　徐　力　王子彬

委　　员　万海鑫　许光彬　王　宣

　　　　　戴永明　刘志达　张宣升

　　　　　张　伟　亓　华　刘青山

　　　　　任文涛　张朝国　黄东宇

特邀委员　衡传富（阜阳轴承有限公司）

　　　　　王子彬（安徽临泉智创精机有限公司）

　　　　　靳培军（阜阳华峰精密轴承有限公司）

阜阳职业技术学院 国家骨干高职院校建设项目成果

数控技术专业人才培养方案及核心课程标准

杨 辉 徐 力 编著

中国科学技术大学出版社

内 容 简 介

本书为阜阳职业技术学院国家骨干高职院校建设项目成果之数控技术专业人才培养方案及核心课程标准,从"实践—认识—再实践—再认识—贯通"这一认识规律出发,遵从阜阳职业技术学院提出的人才培养"四双四共"的运行机制,按照体现高职教育的办学方向,将学生素质教育纳入课程体系中,根据"校企合作、工学结合"之路,推行"四双四共"、"双证书"制度等设计理念而编写的。本书主要内容包括专业名称、招生对象、培养目标、培养规格、就业面向、培养模式、开设课程、培养进程、考核评价、教学建议、其他说明和专业人才培养实施的条件、规范、流程和保障等12项内容,同时提供数控技术专业(轴承方向)核心课程标准,书末附有专业调研报告。

本书主要用于数控技术(轴承方向)及其相关专业规划与指导人才培养过程,同时将根据区域经济的发展需要适时修订、不断完善,确保人才培养质量的实效性。

图书在版编目(CIP)数据

数控技术专业人才培养方案及核心课程标准/杨辉,徐力编著. —合肥:中国科学技术大学出版社,2014.11
ISBN 978-7-312-03626-2

Ⅰ.数…　Ⅱ.①杨…②徐…　Ⅲ.①数控技术—人才培养—高等职业教育—教学参考资料②数控技术—课程标准—高等职业教育—教学参考资料　Ⅳ.TP273

中国版本图书馆 CIP 数据核字(2014)第 255198 号

出版	中国科学技术大学出版社
	安徽省合肥市金寨路 96 号,230026
	http://press.ustc.edu.cn
印刷	合肥现代印务有限公司
发行	中国科学技术大学出版社
经销	全国新华书店
开本	787 mm×1092 mm　1/16
印张	10
字数	255 千
版次	2014 年 11 月第 1 版
印次	2014 年 11 月第 1 次印刷
定价	26.00 元

总　序

邹　斌

（阜阳职业技术学院院长、第四届黄炎培职业教育杰出校长）

职业院校最重要的功能是向社会输送人才，学校对于服务区域经济和社会发展的重要性和贡献度，是通过毕业生在社会各个领域所取得的成就来体现的。

阜阳职业技术学院从1998年改制为职业院校以来，迅速成为享有较高声誉的职业学院之一，主要就是因为她培养了一大批德才兼备的优秀毕业生。他们敦品励行、技强业精，为区域经济和社会发展做出了巨大贡献，为阜阳职业技术学院赢得了"国家骨干高职院校"的美誉。阜阳职业技术学院迄今已培养出近3万名毕业生，有的成为企业家，有的成为职业教育者，还有更多人成为企业生产管理一线的技术人员，他们都是区域经济和社会发展的中坚力量。

2012年阜阳职业技术学院被列为国家百所骨干高职院校建设单位，学校通过校企合作，推行了计划双纲、管理双轨、教育"双师"、效益双赢，人才共育、过程共管、成果共享、责任共担的"四双四共"运行机制。在建设中，不断组织校企专家对建设成果进行总结与凝练，收获了一系列教学改革成果。

为反映阜阳职业技术学院的教学改革和教材建设成果，我们组织一线教师及行业专家编写了这套"国家骨干院校建设项目成果系列丛书"。这套丛书结合SP-CDIO人才培养模式，把构思（Conceive）、设计（Design）、实施（Implement）、运作（Operate）等过程与企业真实案例相结合，体现专业技术技能（Skill）培养、职业素养（Professionalism）形成与企业典型工作过程相结合。经过同志们的通力合作，并得到阜阳轴承有限公司等合作企业的大力支持，这套丛书于2014年9月起陆续完稿。我觉得这项工作很有意义，期望这些成果在职业教育的教学改革中发挥出引领与示范作用。

成绩属于过去，辉煌须待开创。在学校未来的发展中，我们将依然牢牢把握育人是学校的第一要务，在坚守优良传统的基础上，不断改革创新，提高教育教学质量,培养造就更多更好的技术技能人才,为区域经济和社会发展做出更大贡献。

我希望丛书中的每一本书,都能更好地促进学生职业技术技能的培养,希望这套丛书越编越好,为广大师生所喜爱。

是为序。

2014 年 10 月

前　言

　　数控技术专业是阜阳职业技术学院国家骨干高等职业院校建设中央财政支持的重点专业,在"SP－CDIO"工学结合人才培养模式下,遵循"校企合作、工学结合"办学模式,邀请合作伙伴阜阳轴承有限公司、安徽临泉智创精机有限公司、中航安徽开乐特种车辆有限公司、芜湖甬微集团、阜阳华峰精密轴承有限公司等多家企业的管理人员、专业技术人员参与专业建设,分析研讨专业人才培养目标与规格,确定专业人才培养方案和课程体系建设方案。在人才培养过程中,开展校企合作,专职教师与企业人员互为企业和学校的兼职员工,使人才培养能够从数控技术专业岗位目标功能要求出发;部分实训项目和教学案例取材于企业真实产品,以"SP－CDIO项目"的教学模式培养学生的专业能力与职业素养,从而使人才培养更具有针对性、开放性和职业性。

　　在专业课程体系的构建中,打破了传统专业学习观念,依据学校提出的"校企合作、工学结合的课程体系变换思路,按照岗位跟踪、动态反馈、循环提升的原则,以职业能力与岗位(群)需求为导向,参照专业典型工作过程,以工作任务为导向,以能力培养为核心,并融入职业资格标准,以构建基于岗位(群)工作任务的"面向企业、项目递进"的课程体系。

　　经过深入企业调研,选取了区域市场需求较大、专业较为对口的工作岗位,并对这些工作岗位的工作任务进行分析,确定了相应课程的相关项目学习内容。以这些项目学习内容为基础,分析对应的职业能力,将其整合至各级项目中,并按认知规律将知识由简单到复杂选取的排序,从而形成专业SP－CDIO各级项目,再由各级项目实现能力分担,形成"面向企业、项目递进"的课程体系,由此推导出"数控机床编程与操作"、"数控机床故障诊断与维修"、"CAD/CAM应用"和"滚动轴承磨削工艺"等核心课程。总的来说我们的原则是:遵循认知规律和职业成长规律,以职业能力为本位,依据数控技术专业的人才培养模式,职业能力课程按照能力递进的培养进程由简单到复杂递进式排序。

　　在制定课程标准时,我们在每门课程标准中都给出了课程设计理念、课程目标、参考学时,明确了课程在体系中的地位和作用,为课程实施提供了依据。为突出对学生专业技术技能的培养,我们以合作企业工作任务或区域性典型产品为载体进行SP－CDIO项目设计,每个项目均按照构思(C)、设计(D)、实施(I)、运作(O)四阶段展开教学实施。课程考核采用过程考核与结果考核相结合、理论考核与实践考核相结合的模式,每门课程都进行了考核评价方案设计,供教学时参考。

　　本人才培养方案由阜阳职业技术学院杨辉、阜阳轴承有限公司徐力等执笔撰写。在本专业人才培养方案编制与优化过程中,得到阜阳职业技术学院数控技术专业指导委员会的指导,得到阜阳轴承有限公司、安徽临泉智创精机有限公司等企业的大力支持,得到阜阳职业技术学院教务处等兄弟部门领导与专家的具体指导与帮助,在此深表谢意!

　　由于水平所致,总结仓促,本方案尚有不完善和不合理之处,恳请各界专家和同仁批评指正。我们将虚心接受所提出的意见和建议,不断完善和深化本专业建设的相关内容。

编 者

2014 年 9 月

目　　录

第一部分　专业人才培养方案概述

专业人才培养方案是人才培养的实施性文件。为全面落实我校"乐学善教，知行合一"的办学理念，着力深化"五业"（产业、行业、企业、职业、就业）融合人才培养模式改革，全面推行项目导向、任务驱动，教学做一体化教学组织形式，在高职专业人才培养方案修（制）订工作中，人才培养方案的指导思想与基本原则如下。

一、指导思想

坚持以科学发展观为指导，以服务为宗旨，以就业为导向，走产学研结合发展道路，坚持育人为本、德育为先，紧紧围绕区域经济社会发展的需要，准确定位人才培养目标，加大改革创新力度，整体优化课程体系，创新人才培养模式，实践工作导向、任务驱动、项目引领教学做一体化教学模式。遵循终身教育、素质教育、全面发展的教育理念，注重学生的职业道德、专业能力、可持续发展能力的协调发展，努力培养适应地方经济社会发展需要的高素质技术技能型专门人才。

以《国家中长期教育改革和发展规划纲要》（2010 — 2020 年）、《教育部财政部关于进一步推进"国家示范性高等职业院校建设计划"实施工作的通知》（教高［2010］8 号）、《教育部关于推进高等职业教育改革创新引领职业教育科学发展的若干意见》（教职成［2011］12 号）等文件为指导，以提高教育教学质量为核心，依托专业建设合作委员会和合作企业，进行了专业调研，召开校企双方人员参加的岗位能力分析论证会。依据人才培养定位、基本素质和专业素质要求，融入职业资格标准、企业生产标准，基于专业特点、岗位要求和工作过程，通过"SP‑CDIO"各级项目的实施等流程，突出培养数控技术能力、方法能力和社会能力，构建"面向企业，项目递进"的课程体系。结合专业调研和岗位能力分析论证会中发现的行业企业对人才培养的新要求，对人才培养实践情况进行总结提升，召开专业建设合作委员会会议，修订完善人才培养方案，并制定人才培养模式运行实施方案及配套的管理制度。在人才培养方案实施过程中，每年根据实施情况，按上述程序再进行修改完善，最终形成能够较好服务区域经济发展和符合学院实际的"基于专业技能培养和职业素养形成的 SP‑CDIO"人才培养模式。

充分践行我校以教育教学为主战场的管理理念和治校理念，围绕培养学生的创新竞争力和发展潜能的核心发展目标，全面深化校企合作、工学结合的改革，坚持职业技术技能培养与职业素质养成融为一体，突出我校人文素养类课程改革特色；坚持课外与课内培养融为一体，校内校外培养融为一体，注重各个教学环节的系统性、连续性和实践性；坚持项目与实践三年不断线等贯穿于教学全过程，构建具有学校和专业特色的课程教学体系。

二、基本原则

1. 对接行业企业，服务区域经济社会发展

以专业前期的行业企业调研，广泛征求利益先关者的意见和建议，开展研讨会、毕业生调查等活动为基础，及时把握社会、行业发展中出现的新情况、新特点、新趋势，专业服务面向及专业人才培养目标要与安徽省、阜阳市产业结构转型升级以及人才需求变化相结合，努力使专业人才培养方案具有鲜明的时代性和适应性，努力做到"五个对接"：专业与产业对接、课程内容与职业标准对接、教学过程与生产过程对接、学历证书与职业资格证书对接、职业教育与终身学习对接，充分体现专业服务经济社会发展水平。同时，遵循教育教学规律，妥善处理好社会需求的多样性、多变性与教学工作相对稳定性的关系，使人才培养方案既具有学校特色，同时又能适应社会经济发展和用人单位的需求，且具有一定的前瞻性。努力挖掘专业人才培养方案与职业岗位（群）需求之间的结合点，合理确定专业人才培养目标的内涵及规格，为企业的未来培养人才。

2. 融入职业标准，突出应用性和职业性

遵循高等职业教育人才培养规律，根据行业技术领域和职业岗位（群）的任职要求，引入职业资格标准，不断完善人才培养规格标准；引入行业标准，参照教育部职业教育与成人教育司《高等职业学校专业教学标准（试行）》，不断完善专业标准；引入企业核心技术标准，把典型工作任务转化为项目课程，完善专业核心课程标准；根据技术领域和职业岗位（群）的任职要求，参照职业资格标准，调整课程结构，理清课程之间的相互关系、先后次序和课时安排等。在教学内容和课程体系上体现与职业岗位对接、中高职衔接，职业能力适应岗位要求和学生个人发展要求，构建具有阜阳职业技术学院特色的高职专业课程体系。

3. 强化校企合作，推进教学做一体化模式

人才培养方案的制订和实施应贯彻校企合作原则。充分利用专业建设合作委员会这一平台，积极争取行业、企业的能工巧匠、行家能手参与合作人才培养方案的制订与实施，将校企合作开发课程、校企共建实训基地、校企合作实施实践教学等校企合作环节切实贯彻到人才培养方案的设计中。

进一步加强实践教学环节，增加实训、实践的教学内容与教学课时，保证实践教学占总学时的 50% 以上，保证学生能够掌握从事专业领域实际工作的基本技术技能和基本能力。围绕专业培养目标系统化设计实践教学体系，精细化、系列化开发项目化课程体系，递进式安排实践教学环节。重点加强专业综合实训，与国家、安徽省职业技能大赛接轨。

积极推行任务驱动、项目导向、工学交替等教学做一体化教学模式改革，积极试行多学期、分段式等灵活多样的教学组织形式。专业核心课程必须实施教学做一体化教学模式，实施教学做一体化教学模式改革的课程要从一体化教学场所的设计、教材的编写、教学内容的选取与整合、教学环节的设计、教学方法和教学手段的运用等方面进行探索和实践，着力培养学生的职业能力、方法能力和社会能力，将素质教育贯穿于教育教学全过程。

4. 突出特色发展，鼓励改革创新打造品牌

坚持统一性与灵活性相结合，落实国家和安徽省有关高职教育发展的新精神，从专业实际情况出发，紧紧围绕人才培养总体目标，根据专业特点，发挥优势和特长，积极探索多样化的人才培养模式，在课程体系架构设计、课程内容重构、教学模式创新等方面重点突破，深入开展校企合作、工学结合、订单培养,彰显专业特色。重视优质教学资源和网络信息资源的利用,把现代信息技术作为提高教学质量的重要手段,努力打造特色鲜明的品牌专业。

5. 强化四双四共机制,践行工学结合

在专业人才培养方案的制订与实施过程中,充分发挥专业指导委员会的作用。强化专业建设双带头人、师资互聘双重考核、培养方案双方论证、实习实训双边合作;实训基地共建互享、培养培训共同参与、研发服务共同投入、质量评价共同实施。在完成核心课程教学的基础上,教学安排把握柔性教学原则,可根据企业的用人需求,对课程进行调整;充分发挥学校的教学网络平台、数控技术服务中心平台、"SP-CDIO"网站和教学资源库等网络资源的作用,以实现网上学习与互动;聘请企业工程技术人员在企业授课,把课堂延伸到企业;将企业的工艺、规范和企业文化嵌入到学校的课程。

6. 科学构建课程体系,素质技能交融

(1)课程体系体现工作过程

课程体系体现工作过程的完整性,"面向企业、项目递进"的课程体系开发应遵循"学习的内容是工作内容,通过工作完成学习任务"的理念。据此对课程目标、课程开发方法和课程内容载体及实施、考核方法进行改革,课程体系构建上追求企业工作过程的完整性,课程设计与实施上追求技术技能和职业素质培养的有机结合。

(2)人文素养的培养与实施

"入学教育"、"社交礼仪"、"形式与政策"、"大学英语"、"高等数学"、"身心健康"、"职业规划"、"就业指导"等人文素养类课程实行课题式管理,自成体系。根据人才培养规格需求,同人文素养类课程管理教师共同选定独具专业特色的教学内容和教学方式。将相关培养内容融入专业课程的讲授和具体实习实训过程中,不断养成职业素质。

(3)社会实践实现课外与课内一体化

将军训与国防教育、消防演习、专业认知、校园文化科技活动、公益劳动、社会实践活动等当作课程来建设和实施,纳入人才培养方案教学进程安排,将课外与课内培养融为一体。

(4)跟踪行业发展,拓展课程内容

建立开放的专业管理平台,专业团队及时将最新科技信息、工艺流程和技术等搬上课堂,或将课堂搬进先进的企业车间,将企业车间搬进校园,保证学生及时获得符合行业发展态势的知识资源。

(5)选修课程设置有特色

保证学生既可以深化专业类课程,又可以选修专业外课程,广泛培养学生兴趣,提升学生发展潜能和学生的特色发展。

7. 过程实时监控,质量保障可行

设有学校领导、教务处、院系领导、学校督导、学生教学信息员、企业专家等教学评价与监督体系,特别是实践教学条件、师资队伍、教学管理与质量监控等适应教学改革需求,教学质量实现社会、企业、学校、教师、学生多元参与的监控评价机制。

8. 凸显专业特点,发挥培养优势

专业人才培养方案在统一规范的基础上,深入行业企业,深入学生,了解市场需求和发展,充分体现专业建设、人才培养模式改革、教育教学改革、制度保障等方面的特色,提升学生的创新竞争力和发展潜能。

三、学制和学时

1. 学制

基本修业年限为三年。原则上前两个学期基本完成基本素养模块和职业基础技术模块课程教学,使学生掌握专业应知、应会基础知识和基本技能,获得从事职业的基础能力;第三、四学期主要完成职业核心技术模块课程教学,使学生获取从事本专业所必需专业能力的训练;第五、六学期重点安排顶岗实习、完成毕业设计(论文)工作。

2. 总学时及周学时数

高职三年制专业校内教学的周次:第一学期 15 周,第二、三、四学期各 18 周,第五学期 12 周。开展"多学期、分段式"教学组织模式改革,根据行业企业淡旺季把一个学期分成多个学段。

三年制专业教学活动总学时控制在 2600~2800 学时。其中课内学时总量控制在 1600~1800 学时,周学时控制在 22~24 学时(毕业实习和毕业综合实践报告周学时为 24 学时),专业实践教学时数应达到教学活动总学时的 60% 以上。

四、课程设置

(一)课程体系

课程体系是指专业所开设的各类课程及具体科目的组织、搭配所形成的结构关系与合理比例。要在职业分析的基础上,按照从低端简单典型工作任务到高端复杂典型工作任务的顺序,对行动领域(典型工作任务)进行教学加工,并以工作过程为导向,以职业能力为依据,遵循教育规律,以工作过程的顺序串行知识,形成以工作过程为导向的课程体系。课程体系应目标统一完整、上下左右关系明确,课程既有所分工、有所侧重,又互相补充、互相协调。人才培养方案中要用结构图表来表明本专业的课程体系和结构关系。

(二)课程情境

设计课程情境,就是对每门课程进行系统设计。情境的选择和设计应以课程需要为度,根据课程性质不同,课程中的若干教学情境、SP－CDIO 项目之间可以是并行式、包容式,也可以是递进式。

(三)课程内容

课程内容顺序安排应按照学生学习知识的认知规律进行,体现出工作任务的由易到难,有一定的梯度。在课程内容选择上应当考虑到难度适中,能够让绝大多数学生顺利完成学习过程;在广度上应基本涉及本职业的典型工作过程,完成职业的典型工作任务教学;在学习时间上应符合企业实际、符合学生学习知识的认知规律、符合我校的实际情况。

(四)课程分类

课程按照性质划分,分为必修课、选修课;课程按照类别划分,分为基本素养模块、职业基础技术模块、职业核心技术模块、职业考证模块、职业拓展模块和毕业实习模块等。

1. 基本素养模块课程

基本素养模块课程,可以灵活安排公共课的授课时间,但应尊重课程教学规律,保证充足的教学时数。

(1)"思想道德修养与法律基础",必修(理论＋实践课),第一学期以讲座形式开设,机动排课;

(2)"毛泽东思想和中国特色社会主义理论体系概论",必修(理论＋实践课),第二学期以讲座形式开设,机动排课;

(3)"形势与政策",必修(理论课),第一、二、三、四学期以讲座形式开设,机动排课;

(4)"计算机应用基础",必修(理论＋实践课),每周4学时;

(5)"体育与健康",必修(理论＋实践课),第一、二学期开设;

(6)"军事理论教育"(含安全教育),必修(实践课),第一学期在军训期间集中安排,辅以讲座形式开设;

(7)"大学英语",必修(理论＋实践课),第一、二学期开设;

(8)"职业生涯与发展规划",必修(理论＋实践课),第一学期以专题讲座形式开设;

(9)"大学生就业指导",必修(理论＋实践课),第五学期以专题讲座形式开设;

(10)"大学语文"、"高等数学"、"社交礼仪"等课程,根据需要设置,归属为基本素养模块或职业基础技术模块。

2. 职业基础技术模块课程

职业基础技术模块课程是为了学好核心课程所必须开设的专业基础理论或实践课程。

3. 职业核心技术模块课程

职业核心技术模块课程是培养学生职业能力的核心课程,在构建该模块课程时应以职业能力培养为依据,围绕学生应具备的能力标准科学合理地设置课程,课程要覆盖该专业对应职业岗位群需要的最基本、最主要的知识和技术,并突出课程教学做一体化的特点。

4. 职业考证模块课程

职业考证模块课程保证职业资格的获取,落实双证书制度。至少要明确一门学生必须获得的、与专业核心能力相对应的职业资格证书,该模块课程在学期安排上应和职业资格证书的考试时间匹配。

5. 职业拓展模块课程

职业拓展模块课程是以核心技能培养为中心,培养学生多方位、多层次职业能力的课程。该类课程要具有适时性,及时将最新科技信息、工艺流程和技术融入教学内容,将教学环节延伸到先进的企业、车间,保证学生及时把握行业发展态势。

6. 毕业实习模块课程

毕业实习模块课程强调实训、职训等实用性操作训练,以满足第一线应用技术人才的实际需要。进一步完善顶岗实习课程标准和课程教学设计的制订,不断将顶岗实习的项目案例建成优质教学资源;加强学生在顶岗实习中的综合素质训练,实现顶岗实习全程指导和全程管理。

(五)课程考核

根据专业要求与课程特点设置课程考核方式。课程考核方式必须在课程设置表中予以反映。改革课程考核方式,实现考核形式多样化、考核内容科学化、考核主体多元化、考核对象差异化、考核时间全程化。课程考核要积极采用成果性考核(大作业、调研报告、项目报告、作品展示、课程设计与课程论文等)、操作任务考核(实际操作、模拟操作、情景描述等)、计算机及网上考核、自我评定与小组评定考核(学生笔记、学生学习总结、小组协作与配合意识、团队贡献等)等多种方式进行考核,特别提倡两种或多种考核形式相结合来全面评价学生。

五、专业人才培养方案的内容构成

(1) 专业名称;

(2) 招生对象;

(3) 培养目标;

(4) 人才培养模式;

(5) 就业面向与职业资格证书;

(6) 人才培养规格;

(7) 课程体系建设;

(8) 职业能力课程设置;

(9) 教学学时分配及进程;

(10) 教学建议。

六、专业人才培养方案制订的要求

(一) 集聚优势,凝练专业特色

按照国家、省、市各级"十二五"规划的要求,根据地方及行业进行产业转型升级的发展需要,广泛开展校企合作,充分发挥企业在专业建设、课程建设、人才培养过程中的作用;加强国际交流,引入先进理念,探索与国际职业教育相接轨的专业建设模式;引入行业标准和国家标准,将职业资格认证课程内容有机融入课程体系,结合专业特点和课程教学的需要,继续探索多样化的教学模式。

(二) 深入一线,进行专业调研

在人才培养方案制订工作开展之初,利用各种机会和途径做好专业调研工作,把专业调研作为专业建设的长线工作,对行业企业人才需求保持持续关注并及时在专业人才培养方案中加以体现。继续坚持校企双方专业主任共同主持,专业教师团队参与,严格把关,按要求、程序完成人才培养方案的制订工作。

第二部分　数控技术专业人才培养方案

一、专业名称和专业代码

(一) 专业名称

数控技术(轴承方向)。

(二) 专业代码

580103。

二、招生对象和学制与学历

(一) 招生对象

高中毕业生和对口中职毕业生。

(二) 学制与学历

全日制三年制,专科学历。

三、培养目标

本专业培养具备良好的思想道德素质,掌握与本专业领域方向相适应的文化水平与素质、良好的职业道德和创新精神,掌握本专业领域方向的基本知识,具有实践技能,熟练掌握数控加工工艺和编程、轴承设计与制造工艺,并能对数控机床进行常规维护和维修的能力,能适应数控工艺与编程、数控设备操作、数控设备维修、轴承制造、检查和企业管理等岗位需要的德、智、体、美全面发展的高素质技术技能型专门人才。

四、人才培养模式

本专业采用的是"基于专业技能培养和职业素养形成的 SP – CDIO"人才培养模式。SP – CDIO是技能(Skill),素养(Professionalism),构思(Conceive),设计(Design),实施(Implement),运作(Operate)英文的缩写,它是"做中学"和"基于项目教学,工学结合"的抽象概括。它以产品、生产流程和系统等项目从研发到运行的生命周期为载体,使学生以主动的、实践的、课程之间有机联系的方式学习。系统地提出了能力的培养、全面的实施指导(包

括培养计划、教学方法、师资标准、学生考核、学习环境)以及实施过程和结果评价标准,具有
可实施性和可操作性的特点。通过工学结合,完成相关项目内容,教学模式标准中提出的要
求是直接参照企业界的需求,使得其能满足企业对技术人员质量的要求。

　　遵循"SP-CDIO"工学结合人才培养模式改革的理念,将数控机床、轴承行业技术标准
融入人才培养方案,以学生职业素质养成期、基本技能训练期、专业技能培养期形成过程为
主线,以方法能力、专业能力、综合能力的强化为路径,形成了"三周期,三强化"的培养阶段,
项目递进式能力培养,达到专业人才培养目标。以工作任务为中心,以阜阳轴承"校中厂"典
型零件为载体,实施 SP-CDIO 项目教学,在"做中学",在"学中做"。如图 2.1 所示。

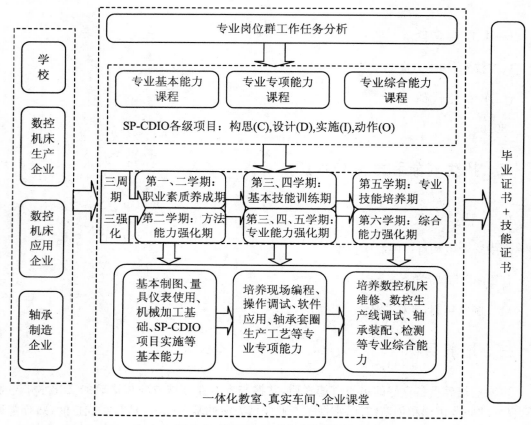

图 2.1　"SP-CDIO"人才培养模式

　　在教学组织上,新生入学时,第一学年开设岗位认知课程,在"校中厂"体验典型岗位,明晰
专业定位,激发学习兴趣。本学年主要依托学校金工车间及 SP-CDIO 项目一体化教室,完成
专业基本能力的培养。暑期在"校中厂"跟班实习四周,认识零件加工流程,建立完整的专业认知。

　　第二学年,主要培养学生数控机床及维修等专业专项能力。在"校中厂"教学生产车间
共建"轴承制造集训教学岛",课程分项目、分阶段弹性实施。把"数控编程与操作"、"机床电
气控制(PLC)"、"滚动轴承车削工艺"等专业课程引入"校中厂",按照轴承的生产工艺流程
对应相关课程的教学;将"滚动轴承磨削工艺"等专业核心课程的部分 SP-CDIO 项目在"厂
中校"开展教学,实现"学生员工合一、学做合一、课堂车间合一",培养学生专业专项能力。

　　第三学年,开展顶岗实习和毕业设计,培养专业综合能力。学生在"校中厂"和校外实
训基地全面参与数控机床应用,滚动轴承生产过程,毕业设计按 SP-CDIO 一级项目实施,

选题源于企业一线或企业真实项目为企业解决技术上的实际问题。

　　整个培养过程将职业素养渗透到教学实施过程中,推行"知识、能力、素质三位一体"的学生素质教育模式,"SP－CDIO"人才培养模式将社团活动、社会实践、创新创业作为人才培养的重要内容,培养学生良好的职业道德和正确的价值观念。

五、就业面向与职业资格证书

(一) 就业面向

　　本专业毕业生就业主要面向皖北地区中小型机械装备制造企业和轴承生产管理第一线,运用数控加工及相关工程技术,从事机械加工工艺编制和数控编程及(数控)机床操作、安装、调试与维护等工作。职业岗位如表2.1所示。

表 2.1　职业岗位表

就业职业领域		制造类企业、机关事业和科研院所		
			初始岗位	晋升岗位	晋升岗位平均获得时间
职业岗位	主要职业岗位	1	数控加工工艺与加工程序编制操作员	工艺员、车间主任	2年
		2	数控设备的操作、维护及维修工	技术员、车间主任	3年
		3	CAD/CAM软件应用人员	技术员、设计工程师	2年
		4	轴承企业的设计、加工、管理等技术服务员	技术员、车间主任	3年
	其他职业岗位	1	数控设备的安装、调试及维修工	装配工程师	3年
		2	产品和设备的检验员	管理工程师	2年
		3	数控系统或设备的销售与技术服务工	营销工程师	2年
		4	车间生产组织与管理人员	班组长、车间主任	2年

(二) 职业资格证书

　　本专业毕业生所持的职业资格证书如表2.2所示。

表 2.2　职业资格证书一览表

序号	职业资格证书名称	考核发证部门	等级要求	考核学期
1	软件工程师	安徽省人力资源社会保障厅职业技能鉴定中心	中级	二
2	数控车床职业资格证书	安徽省人力资源社会保障厅职业技能鉴定中心	中级或高级	三

序号	职业资格证书名称	考核发证部门	等级要求	考核学期
3	数控铣床加工中心职业资格证书	安徽省人力资源社会保障厅职业技能鉴定中心	中级或高级	四
4	维修电工	安徽省人力资源社会保障厅职业技能鉴定中心	中级或高级	五

（三）工作任务与职业能力分析

按照学校提出的校企合作、工学结合的课程体系重构和改革思路，专业课程体系构建按照岗位跟踪、动态反馈、循环提升的原则，以职业能力与岗位（群）需求为导向，企业人员参与共同分析数控技术专业岗位（群）工作任务，确定了数控技术专业（轴承方向）毕业生就业岗位的典型工作任务及其所要求的职业能力，具体如表 2.3 所示。

表 2.3　数控技术专业（轴承方向）典型工作任务及职业能力

工作项目	工作任务	职业能力
1. 基本动手能力训练	1-1　钳工训练	1-1-1　钳工基础知识的运用能力
		1-1-2　锯削、锉削、孔加工能力
		1-1-3　画线、测量等能力
		1-1-4　配合件的加工能力
		1-1-5　工具、量具的使用能力
		1-1-6　会刃磨钻头
		1-1-7　会手工电弧焊和气焊的基本操作
		1-1-8　独立提交作品：实训作品（六角螺母、榔头）
		1-1-9　能读懂中等复杂程度的零件工作图
		1-1-10　掌握相关金属材料的性质、切削加工性能等
		1-1-11　能进行部件装配、钳工修配
	1-2　普通机床应用	1-2-1　熟悉车床、铣床等机床的种类、特点、结构形式、加工范围等
		1-2-2　普通车床车外圆、车内孔、台阶、车螺纹等技能
		1-2-3　车工加工工艺编制能力
		1-2-4　刀具的材料选择能力
		1-2-5　砂轮机的使用能力
		1-2-6　刀具刃磨能力
		1-2-7　会使用量具，进行工件测量
		1-2-8　掌握金属材料的性质、切削加工性能等
		1-2-9　会正确选用切削液
		1-2-10　各类机床的维护与保养
		1-2-11　能独立进行典型零件的加工
	1-3　企业顶岗实习	1-3-1　企业文化的运用能力
		1-3-2　企业的管理能力
		1-3-3　工程意识
		1-3-4　社会责任

工作项目	工作任务	职业能力
2. 图纸运用训练	2-1 手工绘图	2-1-1 图纸标准的运用 2-1-2 手工绘图的基本能力 2-1-3 零件视图的表达 2-1-4 标准零件的表达 2-1-5 零件的标注与技术要求 2-1-6 能将产品装配图拆分为产品零件图
	2-2 计算机绘图	2-2-1 绘图软件的使用 2-2-2 绘图基本命令的掌握 2-2-3 绘图步骤的掌握 2-2-4 平面图形、三维图形的表达 2-2-5 图形的后置处理 2-2-6 能用 CAD 软件绘制、设计简单工装
	2-3 机械零件测绘	2-3-1 手工绘图能力 2-3-2 测量方法与量具使用能力 2-3-3 图幅的合理组织与安排 2-3-4 小组合作、领导组织能力 2-3-5 语言表达、文字处理能力 2-3-6 计算机应用能力 2-3-7 能合理选用拆装工具 2-3-8 会按正确顺序拆装典型零部件 2-3-9 能将产品装配图拆分为产品零件图
3. 公差与测量	3-1 SP-CDIO 减速器的测绘项目	3-1-1 测量能力 3-1-2 绘图、识图能力 3-1-3 机械零件图表达能力 3-1-4 能合理选用拆装工具 3-1-5 会按正确顺序拆装典型零部件 3-1-6 能将产品装配图拆分为产品零件图 3-1-7 SP-CDIO 项目实施能力
	3-2 SP-CDIO 项目汇报	3-2-1 语言表达能力 3-2-2 团队协调能力 3-2-3 主动学习、沟通能力 3-2-4 计算机应用能力 3-2-5 课件制作能力等
	3-3 公差与测量实训	3-3-1 检测过程组织能力 3-3-2 检测工艺设计能力 3-3-3 检测设备使用、维护能力 3-3-4 质量安全意识 3-3-5 严谨工作作风 3-3-6 树立精品意识

工作项目	工作任务	职业能力
4. 机械理论 应用	4-1　机械设计 基础	4-1-1　掌握机构的运动及自由度使用的能力 4-1-2　运用剪切、挤压和扭转理论的能力 4-1-3　设计平面连杆机构的能力 4-1-4　设计凸轮机构的能力 4-1-5　设计间歇运动机构的能力 4-1-6　运用连接知识的能力 4-1-7　设计带传动和链传动的能力 4-1-8　设计齿轮、蜗杆、轮系传动的能力 4-1-9　滚动轴承知识运用的能力
	4-2　金属切削 原理与刀 具	4-2-1　掌握金属切削加工基础知识的能力 4-2-2　刀具材料知识的能力 4-2-3　金属切削过程及其基本规律的能力 4-2-4　金属切削基本理论的应用的能力 4-2-5　车削与车刀选择的能力 4-2-6　钻削与孔加工刀具选择的能力 4-2-7　铣削与铣刀选择的能力
5. 工程材料 与热处理	5-1　金属硬度 测试实验	5-1-1　使用布式、洛式硬度计的能力 5-1-2　选择测定硬度方法的能力 5-1-3　使用实验计算公式的能力
	5-2　铁碳合金 平衡组织 分析	5-2-1　观察和研究铁碳合金在平衡状态下的显微组织的 　　　　能力 5-2-2　分析和研究碳质量分数的能力 5-2-3　研究组织组成物的本质和特征的能力 5-2-4　使用金相显微镜的能力 5-2-5　识别铁素体、珠光体、莱氏体的能力
	5-3　碳素钢的 热处理	5-3-1　掌握碳素钢的基本热处理的能力 5-3-2　碳的质量分数、加热温度、冷却速度、回火温度对 　　　　钢性能的影响分析的能力 5-3-3　硬度计使用的能力 5-3-4　掌握淬火、回火、正火、退火温度和时间的能力
	5-4　金属材料 的显微组 织观察	5-4-1　利用金相显微镜观察合金钢组织的能力 5-4-2　利用金相显微镜观察铸铁组织的能力 5-4-3　利用金相显微镜观察有色合金的显微组织的能力
	5-5　拉伸实验	5-5-1　利用自动绘图装置绘制拉伸图的能力 5-5-2　掌握塑性、脆性材料的机械性质的能力 5-5-3　使用实验设备和量具的能力 5-5-4　制作拉伸试样的能力

工作项目	工作任务	职业能力
6. 电气理论应用	6-1 电工电子技术训练	6-1-1 电工的基本知识运用,安全用电 6-1-2 电子技术基本知识运用 6-1-3 电路的设计能力 6-1-4 常用电器等运用能力 6-1-5 用电设备维护能力
	6-2 机床电器控制	6-2-1 传统机床电器运用 6-2-2 现代机床电器运用 6-2-3 PLC控制技术掌握能力 6-2-4 自动控制设备运用能力
	6-3 数控机床故障诊断与维修	6-3-1 能编制安装施工作业方案(装配工艺)及工作进度表 6-3-2 看懂进口数控设备相关外文铭牌及使用规范的内容 6-3-3 机械、伺服系统、主轴故障维修的能力 6-3-4 正确连接机床控制线路,参数的设置与恢复能力 6-3-5 能进行(数控)机床调试与性能检验 6-3-6 屏蔽的应用、干扰的排除能力 6-3-7 能进行机床数控系统的连接与调试 6-3-8 能进行数控系统数据、参数的备份与通信传输 6-3-9 会填写安装及试验记录 6-3-10 精度测量、螺距和反向间隙等的调整与补偿 6-3-11 CNC、伺服驱动等的参数调整 6-3-12 数控系统故障诊断与维修 6-3-13 数控机床主轴系统故障诊断与维修 6-3-14 数控机床进给系统故障诊断与维修 6-3-15 在加工前对(数控)机床的机、电、气、液开关进行常规检查 6-3-16 能进行(数控)机床的日常保养 6-3-17 能阅读编程错误、超程、欠压、缺油等报警信息,并排除一般故障
7. 模具设计与制造		7-1 模具的设计能力 7-2 模具材料的选用能力 7-3 模具热处理工艺的运用能力 7-4 模具的装配能力 7-5 模具的失效分析能力

续表

工作项目	工作任务	职业能力
8. 数控机床应用	8-1 虚拟仿真训练	8-1-1 计算机应用能力
		8-1-2 机床基本操作能力
		8-1-3 程序的输出与输入运用能力
		8-1-4 首件试切能力
	8-2 数控车床应用	8-2-1 阅读工艺文件、数控车床基本代码的使用
		8-2-2 根据设备现状,拟定加工方案
		8-2-3 编写加工程序,数控车床刀具补偿的应用
		8-2-4 程序运行与检查能力
		8-2-5 数控车床故障的排除能力
		8-2-6 轴类零件的检查与精度控制能力
		8-2-7 产品的质量控制能力
		8-2-8 设备的使用与管理能力
		8-2-9 总结报告的撰写能力
		8-2-10 通过首件试切调试程序
		8-2-11 数控设备的调试
		8-2-12 典型数控机床的操作
		8-2-13 典型零件加工工艺和编程
		8-2-14 轴承产品测量技术
	8-3 数控铣床(加工中心)应用	8-3-1 阅读零件图,整体分析零件,数控铣床基本代码的使用
		8-3-2 加工设备分析
		8-3-3 拟定加工工艺流程,数控铣床刀具补偿的应用
		8-3-4 确定加工工序,程序运行与检查能力
		8-3-5 数控铣床故障的排除能力
		8-3-6 轴类零件的检查与精度控制能力
		8-3-7 产品的质量控制能力
		8-3-8 设备的使用与管理能力
		8-3-9 总结报告的撰写能力
		8-3-10 刀具的选用与管理能力
		8-3-11 确定定位方式和装夹方法
		8-3-12 编写数控加工工艺文件
		8-3-13 机械、液压、气动部件的装配与调整
		8-3-14 零部件与整机装配、测试和调整
	8-4 数控特种加工应用	8-4-1 数控线切割机(电火花成型机)基本代码的使用
		8-4-2 数控线切割机(电火花成型机)操作的训练
		8-4-3 补偿的应用能力
		8-4-4 数控线切割机(电火花成型机)运行与检查能力
		8-4-5 数控线切割机故障的排除能力
		8-4-6 切削液、电极、钼丝的选用与管理

工作项目	工作任务	职业能力	
8. 数控机床应用	8-5 CAD/CAM软件的应用	8-5-1	计算机操作能力
		8-5-2	UG 软件应用能力
		8-5-3	空间想象能力
		8-5-4	零件检测能力
		8-5-5	干涉解决能力
		8-5-6	加工参数设置能力
		8-5-7	NC 后处理能力
9. 轴承制造	9-1 轴承磨工技能训练	9-1-1	轴承磨工工艺设计能力
		9-1-2	磨床操作使用能力
		9-1-3	产品检测操作能力
		9-1-4	轴承零件的加工精度的调整
		9-1-5	数控机床车削加工轴承零件
		9-1-6	数控机床磨削加工轴承
		9-1-7	轴承的加工工艺编制
		9-1-8	轴承零件数控加工工艺与方案
		9-1-9	产品包装、验收、入库、管理等
	9-2 企业文化训练	9-2-1	企业管理能力
		9-2-2	团队协作能力
		9-2-3	生产组织能力
		9-2-4	吃苦耐劳精神
		9-2-5	刻苦严谨作风
		9-2-6	产品质量意识
	9-3 轴承装配工艺	9-3-1	装配工艺设计
		9-3-2	产品质量分析
		9-3-3	装配技巧与装配设备的使用
		9-3-4	现场管理
		9-3-5	撰写装配工艺操作规程
10. 企业生产管理	毕业设计、项目设计	10-1	SP-CDIO 的各项指标运用能力
		10-2	独立思考与分析解决问题能力
		10-3	能协助部门领导进行计划、调度及人员管理
		10-4	专业技能掌握
		10-5	基本素养形成,领导与汇报能力
		10-6	能组织有关人员协同作业,技术创新与沟通协作能力
		10-7	语言表达与写作能力
		10-8	能制定机械制造车间的规章制度
		10-9	提出工艺、工装、编程等方面的合理化建议
		10-10	熟悉常用设备的种类、性能、特点、结构形式、加工范围等
		10-11	能制订设备维修计划
		10-12	能应用全面质量管理知识,实现操作过程的质量分析与控制

六、人才培养规格

本专业所培养的人才应具有以下知识、能力与素质。

（一）知识目标

掌握 SP - CDIO 项目的过程和要求知识,数控机床原理及应用基础知识和数控加工编程、加工工艺,CAD/CAM 方向软件;掌握机、电、光和液(气)控制技术的基本知识;精通滚动轴承设计、制造及检测等;掌握滚动轴承的加工方法;解决在实际生产中遇到的问题的知识,具体表现在以下几点。

(1) 了解劳动法、合同法等基本法律、法规知识;

(2) 掌握大学英语、高等数学等基础知识;

(3) 掌握计算机操作和计算机网络知识;

(4) 掌握机械识图与制图、机械技术基础知识;

(5) 掌握(数控)加工工艺与程序编制方面的知识;

(6) 掌握(数控)机床零件加工等方面的知识;

(7) 掌握(数控)机床安装、调试、维护和维修等方面的知识;

(8) 掌握工具使用、安全用电、机床电气控制等方面的知识;

(9) 掌握相关轴承国家、行业标准等方面的知识;

(10) 掌握轴承生产全过程的知识;

(11) 了解企业管理基础知识;

(12) 掌握先进制造技术、逆向工程、应用软件等方面的知识。

（二）能力目标

能力要求包括:专业能力、方法能力和社会能力。其中最重要的是方法能力,它是其他能力的基础。

1. 专业能力

加工工艺编制与数控编程岗位能力:能正确地识图与制图;能在准确进行机械基础分析的基础上,通过查阅、贯彻和使用相关国家、行业标准,合理编制机械加工工艺规程和数控加工程序;对机械加工工艺进行合理性分析,有创新思维和实用开发能力,并提出改进意见和建议,能独立完成首件试切和轴承生产线的调试。

数控设备操作岗位能力:能严格按照图纸要求下料,合理装夹工件,严格执行机械加工工艺规程;能安全操作机床进行零件加工,正确检验,确保加工质量;能严格按照操作规程使用数控机床和轴承加工生产线等设备;能独立完成工作任务,解决在工作过程中出现的问题,并能合理地评估和制定解决问题工作计划。

数控设备安装、调试与维护岗位能力:能严格按照数控设备说明书及相关操作规程,通过查阅、贯彻和使用相关国家标准,精通数控系统和 PLC,进行数控设备安装、调试、维护与维修;能独立完成工作任务,解决过程问题,并能合理评估计划和制定解决问题工作计划。

2. 方法能力

独立学习、自我提高能力：能独立学习专业技术，不断更新工作观念，善于接受新事物，学习新知识能力，自我提高意识强，熟悉 SP－CDIO 项目的实施过程。

计算机应用能力：能熟练使用 Office、AutoCAD、CAD/CAM、3D 打印和逆向工程等软件；能熟练地利用网络学习、检索、浏览信息，下载文件，收发邮件等。

数字应用、信息处理能力：能正确分析、处理和有效运用各类数字、信息，撰写比较规范的应用文，如调查报告、工作计划、项目报告、汇报总结及工作总结等，且书写字迹工整。

自我管理与评价能力：具有自我教育和管理的意识和能力，能确定符合个人实际的发展方向，并制订切实可行的发展规划，安排并有效利用时间完成阶段性工作任务和学习计划；具备正确评价自我和他人的能力，能提出合理化的意见和建议。

3. 社会能力

协作能力：能针对不同的工作场合，不同的工作任务，使用恰当的言语与他人交流；能顺利分配工作任务，顺利完成任务的各个部分内容，及时组织开展讨论与协调相关内容，能与他人友好交往、合作、生活和工作。

创新能力：在学习和工作中勤于思考，主动提问，积极发表自己的见解、主张和要求；在实验、实习、实训和毕业设计项目中善于动脑，乐于探索，有一定的创新见解，在未知领域中，敢于科学尝试，善于分析总结。

语言表达能力：对于具体的事情，能用简短的语言表达清楚，让听者明白。具有汇报和演讲的能力，使得听者能聚精会神，达到信息传递的目的。

外语应用能力：可借助字典阅读英文专业资料、说明书及设备铭牌，具有初步的外语口语交际能力。

另外，还应具备具有从事职业活动所需的行为规范及价值观念，具有良好的思想政治觉悟、较强的法律意识和责任意识、良好的职业品格和严谨的行为规范等。

（三）素质目标

1. 基本素质

思想道德素质：有正确的政治方向，坚定的政治信念；遵守国家法律和校规校纪；爱护环境，讲究卫生，文明礼貌；为人正派，诚实守信。

科学文化素质：有科学的认知理念、认知方法、实事求是、勇于实践的工作作风；自强、自立、自爱；有正确的审美观；爱好广泛，情趣高雅，有较高的文化修养。

身体心理素质：有合乎实际的生活目标、个人追求和发展规划，客观正确地看待现实，主动适应现实社会；有人际关系和团队合作精神；积极参与体育锻炼和学校组织的各种文体活动，达到大学生体质健康标准要求。

2. 职业素养

职业道德：能遵守相关法律、法规和规定，爱岗敬业、正直无私、廉洁自律、勤俭节约、爱护公物、诚实守信、坚持原则，具有较强责任意识、安全意识和环境保护意识。

职业行为：能严格贯彻执行相关标准、工作程序与规范、工艺文件和安全操作规程。学习新知识、掌握新技能，勇于实践、开拓和创新。正确对待择业与就业，尊敬师长、友好相处、吃苦耐劳、热爱集体、着装整洁、文明生产。

七、课程体系构建

（一）课程体系的构成

在课程体系中设置了基础项目课程,突出核心职业基础和基本能力、综合项目课程突出高级职业技术知识和综合能力与高级项目课程,突出社会实践知识和服务创新能力等层面,分为数控技术、轴承制造方向,不仅为学生成才提供了多个选项,而且能最大限度地满足企业对人才的差异化需求。课程体系结构如图 2.2 所示。

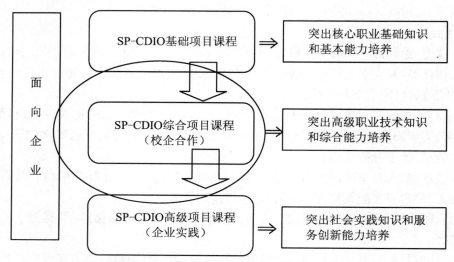

图 2.2 "面向企业,项目递进"课程体系结构

在确保学生可持续发展的基础上,根据行业企业技术标准和职业成长规律,针对数控加工工艺制定、数控程序编制、数控机床安装调试及维修、轴承制造等岗位任职要求,围绕练岗—轮岗—顶岗的能力培养主线,系统设计专业课程体系。专业课程体系由通识能力平台、专业通用能力平台和专业特殊能力平台等三级平台构成。

该课程体系将职业道德的相关要求融入到各级 SP－CDIO 项目中,将社团活动和社会实践对接到课程 SP－CDIO 项目教学的环节中。通过把公共素质课程要求的内容融入到项目的构思(C)、设计(D)、实施(I)和运作(O)等过程中,通过企业实践不断提高专业技能(S),使得职业素养(P)逐渐形成,校企合作共同完成学生综合素质培养任务。

把握各个环节,建设思路的主干环节如图 2.3 所示。

（二）课程体系构架

针对机械加工工艺编制与编程、数控机床操作、安装与维护、轴承制造等专业能力和职业发展的需要,按工作任务和工作过程归纳序化,以典型零件项目为载体,选择由简单到复杂的零件加工任务,分析数控机床操作、产品零件造型、加工工艺编制与编程、轴承制造、质量检验、现场管理等具体任务,包含数控机床操作、加工工艺与程序编制、轴承产品质量检测、轴承生产组织与管理等 SP－CDIO 项目教学内容。结合数控技术职业资格标准,将职业能力与职业素质培养融合,校企共同对课程进行系统设计,构建了"面向企业,项目递进"的课程体系。课程体系开发构思如图2.4所示。

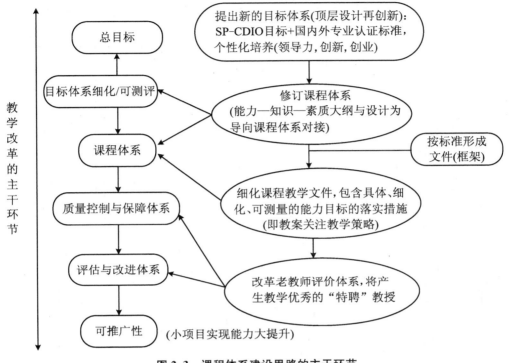

图2.3 课程体系建设思路的主干环节

八、职业能力课程设置

(一)课程开发

为确保实现专业人才培养目标和规格,数控技术专业课程体系由人文素养课程、职业能力课程和职业拓展课程三部分组成。整个课程体系遵循认知规律和职业成长规律,以职业能力为本位。依据数控技术专业轴承方向的 SP-CDIO 人才培养模式,职业能力课程按照能力递进的培养进程由简单到复杂递进式排序。

(二)课程描述

坚持职业技术技能培养和职业素养培养双规融合,按照 SP-CDIO 工学结合人才培养模式,构建了"面向企业,项目递进"课程体系。在此基础上,建设了以工作任务项目为载体的数控编程与操作、数控机床故障诊断与维修、CAD/CAM 应用、滚动轴承磨削工艺等4门优质核心课程群,并以4门优质核心课程为基础,制定了本专业新课程体系下的各门课程的课程标准。专业课程与情境项目设计如表2.4所示。

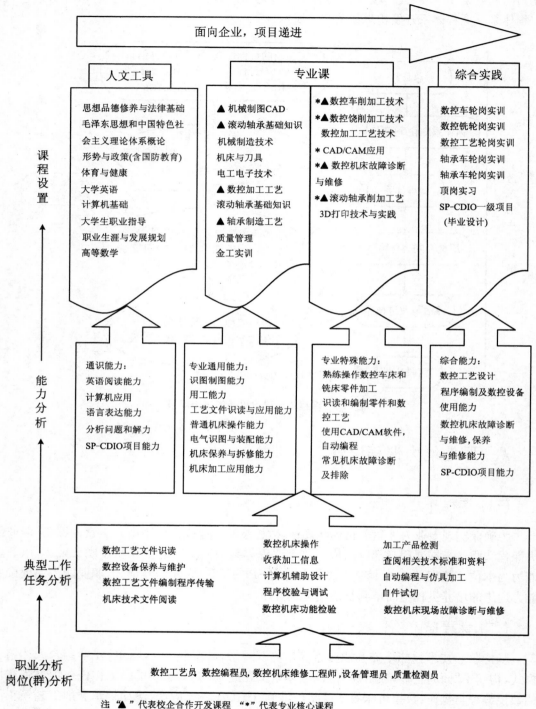

图 2.4　课程体系开发构思图

表 2.4 专业课程与情境项目设计一览表

课程名称	工作任务	职业能力	课程目标及主要教学内容	主要教学情境设计	技能考核项目与要求	学时
1. 金工实习	1-1 1-2	1-1-1、1-1-2 1-1-3、1-1-4 1-1-5、1-1-6 1-1-7、1-1-8 1-1-9 1-2-1、1-2-2 1-2-3、1-2-4 1-2-5、1-2-6 1-2-7、1-2-8	课程目标： 培养学生钳工、车工的技能 主要教学内容： 钳工、车工的基础知识；车床使用方法、注意事项；锯、锉工件的姿势及注意事项	按照 SP-CDIO 项目步骤：完成锤子的构思、设计、实施与运作过程，完成配合件的制作项目	考核项目： 锤子的制作 考核要求： 根据图纸要求，学生独立完成简单的配合件加工操作	120
2. 机械制图 SP-CDIO 测绘项目 Auto-CAD	2-1 2-2 2-3	2-1-1、2-1-2 2-1-3、2-1-4 2-1-5、2-2-1 2-2-2、2-2-3 2-2-4、2-2-5 2-3-1、2-3-2 2-3-3、2-3-4 2-3-5、2-3-6	课程目标： 掌握图纸标准、绘制零件图和装配图的能力 主要教学内容： 点线面的投影；三视图的绘制；视图的表达方式、绘制、标注；AutoCAD 计算机绘图	按照SP-CDIO 项目步骤：完成减速器测绘项目的构思、设计、实施与运作过程，完成真实产品的设计与绘图过程	考核项目： 减速器的测绘 考核要求： 图纸的设计、视图的安排、时间分配都要独立完成，按时、按质、按量完成规定内容	85
3. 公差与测量	3-1 3-2 3-3	3-1-1、3-1-2 3-1-3、3-2-1 3-2-2、3-2-3 3-2-4、3-2-5 3-3-1、3-3-2 3-3-3、3-3-4 3-3-5、3-3-6	课程目标： 能测量中等复杂程度的零件，绘制三视图，并标注出公差 主要教学内容： 测绘公差的种类，配合的种类	按照 SP-CDIO 项目步骤：完成简单到复杂零件的构思、设计、实施与运作过程	考核项目： 箱体零件的检测 考核要求： 会使用通用测量工具，熟知公差的种类，配合的种类	45
4. 机械设计、金属切削机床与刀具	4-1 4-2	4-1-1、4-1-2 4-1-3、4-1-4 4-1-5、4-1-6 4-1-7、4-1-8 4-1-9 4-2-1、4-2-2 4-2-3、4-2-4 4-2-5、4-2-6 4-2-7	课程目标： 掌握机械设计基础知识，能进行简单的机械机构设计 主要教学内容： 平面机构的运动简图及自由度、平面连杆机构、掌握轮机构、间歇运动机构、连接、带传动和链传动、齿轮传动、蜗杆传动、轮系、轴、轴承	按照SP-CDIO 项目步骤：完成机构的构思、设计、实施与运作过程，完成机床与刀具项目的实施过程	考核项目： 机构的设计 考核要求： 能设计简单的机械运动；完成原理、运动、受力等分析	123

课程名称	工作任务	职业能力	课程目标及主要教学内容	主要教学情境设计	技能考核项目与要求	学时
5. 工程材料与热处理	5-1 5-2 5-3 5-4 5-5	5-1-1、5-1-2 5-1-3、5-2-1 5-2-2、5-2-3 5-2-4、5-2-5 5-3-1、5-3-2 5-3-3、5-3-4 5-4-1、5-4-2 5-4-3、5-5-1 5-5-2、5-5-3 5-5-4	课程目标： 了解材料的结构,材料组织,掌握材料的选择,热处理方法的掌握 主要教学内容： 材料基本组织、结构,相图的应用,材料的性质,铁碳合金,铸铁、特种钢等。硬度的使用,测定硬度的方法,硬度对材料性能的影响	按照SP-CD-IO项目步骤:完成材料的检验、材料的热处理项目的构思、设计、实施与运作过程	考核项目： 理论考试、时间技能操作 考核要求： 熟知各种机械加工材料的性能,热处理的方法;试验原理及步骤	42
6. 电工电子技术、机床电气原理、数控机床故障诊断与维修	6-1 6-2 6-3	6-1-1、6-1-2 6-1-3、6-1-4 6-1-5 6-2-1、6-2-2 6-2-3、6-2-4 6-3-1、6-3-2 6-3-3、6-3-4 6-3-5、6-3-6	课程目标： 掌握机床电气的基本原理、电路的设计;完成电气设备的维护与维修 主要教学内容： 电工的基本知识,用电安全知识、电子技术基本知识、电路的设计、常用电器等,用电设备维护、传统机床电器、现代机床电器、PLC控制技术、自动控制设备、系统维修、伺服系统维修的能力、主轴故障维修、参数设置的能力、机床安装、调试的能力、机床的维护等	按照SP-CD-IO项目步骤:完成数控机床装调的构思、设计、实施与运作过程	考核项目： 理论考试——机床电气组装技能 考核要求： 独立完成机床电器的连接,电器的维护与维修等	166

续表

课程名称	工作任务	职业能力	课程目标及主要教学内容	主要教学情境设计	技能考核项目与要求	学时
7. 模具设计与制造	7-1	7-1-1 7-1-2 7-1-3 7-1-4 7-1-5	课程目标: 具备简单模具的设计能力,材料的选择及模具的加工方法 主要教学内容: 模具的设计、模具材料的选用、模具热处理工艺、模具装配、模具的失效分析;模具的加工;3D打印	按照SP-CDIO项目步骤:完成模具拆装、简单模具设计的构思、设计、实施与运作过程,完成3D打印项目计划任务	考核项目: 理论考试——模具拆装技能 考核要求: 独立完成模具设计,拆装模具并加工出样品;绘出模具图纸	60
8. 数控仿真加工、数控车床编程与操作、数控铣床(加工中心)编程与操作	8-1 数控仿真	8-1-1 8-1-2 8-1-3 8-1-4	课程目标: 掌握仿真软件的操作,掌握数控机床的操作方法 主要教学内容: 数控仿真软件的使用,FANUC 0i数控车床及铣床、加工中心的操作	按照SP-CDIO项目步骤:完成各类数控机床认知操作项目的构思、设计、实施与运作过程	考核项目: 技能考核 考核要求: 根据图纸要求,使用宇龙仿真加工合格零件	60
	8-2 数控车床	8-2-1、8-2-2 8-2-3、8-2-4 8-2-5、8-2-6 8-2-7、8-2-8 8-2-9、8-2-10 8-2-11、8-2-12 8-2-13、8-2-14	课程目标: 掌握数控车床的基本编程与操作,工艺的编写,零件的加工 主要教学内容: 数控车床基本代码的使用、程序的基本格式、数控车床刀具补偿的应用、程序运行与检查、数控车床故障的排除、轴类零件的检查与精度控制	按照SP-CDIO项目步骤:完成中等复杂零件的车加工项目的构思、设计、实施与运作过程	考核项目: 理论考试 职业技能鉴定 考核要求: 根据职业技能鉴定要求,完成规定的相关内容	75
	8-3 数控铣床(加工中心)	8-3-1、8-3-2 8-3-3、8-3-4 8-3-5、8-3-6 8-3-7、8-3-8 8-3-9、8-3-10 8-3-11、8-3-12 8-3-13、8-3-14	课程目标: 掌握数控车床的基本编程与操作,工艺的编写,零件的加工	按照SP-CDIO项目步骤:完成中等复杂零件的数控铣加工项目的构思、	考核项目: 理论考试 职业技能鉴定 考核要求: 根据职业技能鉴定要求,完成	70

课程名称	工作任务	职业能力	课程目标及主要教学内容	主要教学情境设计	技能考核项目与要求	学时
			主要教学内容:数控铣床(加工中心)基本代码的使用、程序的基本格式、刀具半径补偿的应用、程序运行与检查、故障的排除、零件的检查与精度控制	设计、实施与运作过程	规定的相关内容	
9. 数控特种加工应用	9-1	9-1-1 9-1-2 9-1-3 9-1-4 9-1-5 9-1-6	课程目标: 掌握数控线切割机、电火花加工原理、操作方法,电极的制作等 主要教学内容: 数控线切割机、电火花成型机的基本代码的使用、操作的训练、补偿的应用。线切割机、电火花成型机运行与检查、故障的排除、精度控制、安全操作与管理、切削液、电极、钼丝的选用与管理	按照SP-CD-IO项目步骤:完成数控线切割项目、数控电火花项目的构思、设计、实施与运作过程	考核项目: 理论考试 职业技能操作 考核要求: 独立完成数控线切割机、电火花成型机的操作,完成规定工件的加工	55
10. CAD/CAM应用技术	10-1	10-1-1 10-1-2 10-1-3 10-1-4 10-1-5 10-1-6 10-1-7	课程目标: 培养学生3D软件造型与设计的能力 主要教学内容: 了解UG NX 6常用菜单及常用工具的使用方法、熟悉工作环境、工作环境设定、会使用基本体素特征建立简单的模型、曲面的建模、NC后处理、程序的仿真	按照SP-CD-IO项目步骤:完成UG软件应用项目的构思、设计、实施与运作过程	考核项目: 技能考试 考核要求: 根据图纸要求,能用UG建模并生成程序加工	70

续表

课程 名称	工作 任务	职业能力	课程目标及 主要教学内容	主要教学 情境设计	技能考核项 目与要求	学时
11. 滚动 轴承 基础 知识、 滚动 轴承 磨削 工、滚 动轴 承装 配工 艺	11-1 11-2 11-3	11-1-1、11-1-2 11-1-3、11-1-4 11-1-5、11-1-6 11-1-7、11-1-8 11-1-9 11-2-1、11-2-2 11-2-3、11-2-4 11-2-5、11-2-6 11-3-1、11-3-2 11-3-3、11-3-4	课程目标： 掌握滚动轴承的基础知识、轴承加工的一般步骤、轴承材料的选择 主要教学内容： 轴承的基础知识、轴承制作工艺、轴承磨工、轴承的装配、轴承的检测	按照 SP-CD-IO 项目步骤：完成滚动轴承设计制造项目的构思、设计、实施与运作过程	考核项目： 理论考试 考核要求： 通过考核使学生掌握滚动轴承的基本知识	126

九、教学学时分配及进程

1. 教学环节周次分配表(表 2.5)

表 2.5　教学环节周次分配表

学期　　内容	教学	毕业实践	军事安全教育(除集中军训外)	课程考核	机动	总计
一	15	0	1	1	0	17
二	18	0	0	1	1	20
三	18	0	0	1	1	20
四	18	0	0	1	1	20
五	12	6	0	1	1	20
六	0	17	0	0	1	18
总计	81	23	1	5	5	115

2. 教学进程表（表 2.6）

表 2.6　教学进程表

培养模块	课程代码	课程名称	专业主干课	计划学时			考核方式	学期分配周课时数						备注
				共计	理论教学	实践教学		六 15周	一 18周	二 18周	三 18周	四 18周（后6周实习）	五 18周（实习）	
基本素养模块	A031101	思想道德修养与法律基础		60	30	30*	考查	2+2*						
	A031102	毛泽东思想和中国特色社会主义理论体系概论		72	36	36*	考查		2+2*					集中安排
	A031103	军事理论/安全教育		30	10	20	考查	2						专题讲座
	A031104	形势与政策		20	10	10	考查	*	*	*	*	*		上11周
	A031105	计算机应用基础		55	25	30	考试	5						上11周
	A031106	大学英语(1)		44	22	22	考试	4						上14周
	A031107	大学英语(2)		56	36	20	考试		4					上11周
	A031108	体育与健康(1)		22	4	18	考查	2						上14周
	A031109	体育与健康(2)		28	6	22	考查		2					专题讲座
	A031110	职业生涯发展规划		11	9	2	考查	1*		2*				专题讲座
	A031111	大学生就业指导		22	16	6	考查					2*		专题讲座
	A031119	大学生心理健康教育		30	20	10	考查							上15周

续表

培养模块	课程代码	课程名称	专业主干课	计划学时			考核方式	学期分配周周课时数						备注
				共计	理论教学	实践教学		六 15周	一 18周	二 18周	三 18周	四 18周(后6周实习)	五 18周(实习)	
职业基础技术模块	A031113	高等数学		66	66	0	考试	6						上11周
	B032101	机械制图(手工绘图)	是	55	30	25	考试	5						上11周
	B132102	机械制造技术　机械工程材料与热处理		42	33	9	考试		3					上14周
	B132103	机械设计基础	是	56	44	12	考试		4					上14周
	B132104	金属切削机床与刀具		75	60	15	考试			5				上15周
	B132105	公差配合与测量技术		45	30	15	考试			3				上15周
	B132106	电气控制　电工电子技术基础		56	40	16	考试				4			上14周
	B132107	机床电气控制(PLC)		55	40	15	考试					5		上11周

续表

培养模块	课程代码	课程名称	专业主干课	计划学时			考核方式	学期分配周课时数						备注
				共计	理论教学	实践教学		六 15周	一 18周	二 18周	三 18周	四 18周(后6周实习)	五 18周(实习)	
	B132108	数控加工工艺与夹具	是	56	50	6	考试				4			上14周
	B033101	CAD/CAM技术	是	70	30	40	考查				5			上14周
	B133102	数控机床故障诊断及维修	是	55	30	25	考试					5		上11周
职业核心技术模块	B033103	数控编程与操作 仿真操作		60	20	40	考查			4				上15周
	B033104	数控车床	是	75	40	35	考试				5			上15周 实践1周
	B033105	数控铣床加工中心	是	70	30	40	考试				5			上14周 实践1周
	B033106	特种加工机床		55	25	30	考查					5		上11周
	B132109	轴承制造技术 轴承基础知识	是	56	50	6	考试		4					上14周
	B132110	套圈磨工工艺	是	101	80	21	考查			3	4			独立实践1周
	B132111	轴承制造工艺	是	55	40	15	考试					5		上11周

续表

培养模块	课程代码	课程名称	专业主干课	共计	理论教学	实践教学	考核方式	六 15周	一 18周	二 18周	三 18周	四 18周（后6周实习）	五 18周（实习）	备注
职业考证模块	B134101	数控考证训练（车床）		30	4	26	考工			1周*				假期机动安排
	B134102	软件工程师		30	4	26	考工		1周*					假期机动安排
	B134103	数控考证训练（铣床）		30	4	26	考工				1周*			假期机动安排
职业拓展模块				180	92	88	考查	2周	5	4	2	2		整周
实践模块		专业实践		360	0	360		3周	3周*	2周*	3周			
	A036117	毕业实习		456	0	456						6周	13周	
	A036118	毕业综合实践报告		96	0	96							4周	
总计				2735	1066	1669		24	24	24	24	24		

相关说明：*表示课余时间安排

3. 职业拓展模块课程设置(表 2.7)

表 2.7　职业拓展模块课程设置一览表

拓展模块	课程代码	课程名称	计划学时			考核方式	学期分配周课时数				备注
			共计	理论教学	实践教学		二 14周	三 15周	四 14周	五 11周	
模块一	B135201	AutoCAD(含 CDIO 三级项目)	70	30	40	考查	5				三选一
	B035202	Proengineer	70	30	40	考查	5				
	B035203	SolidWorks	70	30	40	考查	5				
模块二	B135204	模具设计与制造	60	30	30	考试		4			三选一
	B135205	轴承装配工艺	60	30	30	考试		4			
	B135206	轴承套圈车工工艺	60	30	30	考试		4			
模块一	B035201	应用写作	28	14	14	考查			2		三选一
	B035209	企业管理	28	14	14	考查			2		
	A031112	大学语文	28	14	14	考查			2		
模块四	A031216	市场营销	22	18	4	考查				2	三选一
	A031215	社交礼仪	22	18	4	考查				2	
	A135207	3D 打印技术	22	18	4	考查				2	
合计			180	92	88		5	4	2	2	

4. 独立实践教学环节安排(表 2.8)

表 2.8　独立实践教学环节课程一览表

序号	课程代码	实践教学项目	学期	周数	主要教学形式	内容和要求	地点	考核方式	学时数
1	B032112	金工实习	1	2	校内实习	内容:完成初级工钳工规定的内容实习 要求:按实习计划规定,完成的各项内容	金工实训车间	按金工实习规定:实行过程考核	60
			2	2	校内实习	内容:完成初级工钳工规定的内容实习 要求:按实习计划规定,完成的各项内容	金工实训车间	按金工实习规定:实行过程考核	60

续表

序号	课程代码	实践教学项目	学期	周数	主要教学形式	内容和要求	地点	考核方式	学时数
2	B032114	制图在机械零件工艺应用(SP-CDIO三级项目)	2	1	项目设计	内容:完成一级减速器的测绘项目各项内容(包括C构思、D设计、I实施、O运作) 要求:按要求完成CDIO的各阶段内容	测绘实训室	按SP-CDIO项目考核办法,通过汇报、演讲等形式,分阶段,分步骤考核	30
3	BB134111	数控机床操作实训(数控车床SP-CDIO三级项目)	3	2	专业项目实训	内容:通过s技能训练,完成数控车床操作项目各项内容(包括C构思、D设计、I实施、O运作) 要求:按要求完成CDIO的各阶段内容	数控实训车间	按SP-CDIO项目考核办法,通过汇报、演讲等形式,分阶段,分步骤考核	60
		数控机床操作实训(数控铣、加工中心SP-CDIO三级项目)	4	2	专业项目实训	内容:通过S技能训练,完成数控铣床、加工中心操作项目各项内容(包括C构思、D设计、I实施、O运作)要求:按要求完成CDIO的各阶段内容	数控实训车间	按SP-CDIO项目考核办法,通过汇报、演讲等形式,分阶段,分步骤考核	60
4	BB133109	轴承套圈车工技能训练	3	2	校中厂轮岗	内容:通过车工技能训练,完成轴承套圈车削项目(包括C构思、D设计、I实施、O运作)要求:按要求完成轴承套圈车削CDIO项目的各阶段内容	轴承套圈加工实训工厂	按企业实习规定考核	课外扩展
5	B133108	轴承磨工技能训练	4	1	扩展技能实习	完成实习规定的各项内容	阜阳轴承实训基地	按企业实习规定考核	30

续表

序号	课程代码	实践教学项目	学期	周数	主要教学形式	内容和要求	地点	考核方式	学时数
6	A036117	毕业实习	5、6	19	实习	完成毕业实习规定的各项内容和SP-CDIO的各项内容	合作企业实训基地	实习表现＋实习日记＋实习鉴定意见,按毕业实习实施细则的规定考核	456
7	A036118	毕业综合实践报告	6	4	指导	完成毕业综合实践报告的写作和答辩	合作企业实训基地	按毕业综合实践报告、毕业设计(论文)管理规定(试行)考核和答辩	96

5. 教学学时比例表(表2.9)

表2.9 学时比例表

模块分配	基本素养模块	职业基础技术模块	职业核心技术模块	职业考证模块	职业拓展模块	实践模块	总课时
数量	516	384	653	90	180	912	2735
比例(%)	18.87	14.04	23.87	3.29	6.58	33.35	100

十、教学建议

(一) 教学方法、手段与教学组织形式建议

1. 教学方法

针对不同的 SP-CDIO 项目教学内容和学习、工作任务,采用灵活多样的教学方法,具体表现在以下几个方面。

(1) 现场教学法

在真实工作情境条件下,实施 SP-CDIO 各级项目,开展生产性实训环节,通过构思(C)、设计(D)、实施(I)和运作(O)各个阶段,也可边讲、边学、边做,提高专业技能(S),养成职业素养(P),培养学生的职业习惯。

(2) 六步四阶段教学法

数控技术专业经过大量实践活动,总结提炼出六步四阶段教学法如下:

六步:实施"六步"完成学习性工作任务,即确定任务——制订计划——实施计划——进行质量控制——检测——评估反馈。

四阶段:对于现场教学,教、学、做一体,探索出了"四阶段教学法",即"构思(C)——设计(D)——实施(I)——运作(O)",各个阶段都有小组合作,小组汇报演讲,小组评价。

（3）任务驱动法

教学设计把相关的知识设计成若干个 SP - CDIO 项目任务，教学中明确目标、下达任务，学生在教师或师傅的帮助下，在特定的工作情境下，围绕共同的工作任务，通过对知识、学习资源和网站等的积极主动应用，进行自主探索和小组协作的学习，完成既定的任务，即学生带着真实的任务在探索中学习，同时引导学生养成良好的职业习惯。通过完成任务，运用和学习相关知识，训练相关技能。

（4）项目导向法

SP - CDIO 各级项目都设置了针对符合情况并有主观或客观利用价值的情境。以成果和实践为导向，课内与课外结合，实现理论知识与实践的结合。项目组成员之间在行动过程中可进行工作方法、能力方面的互相交流，体现学习和工作的一致性。

（5）参与式教学方法

在教学初期，老师指导或老师演示，让部分学生参与，越来越多的学生效仿，最后实现全体学生共同完成任务内容。

2. 教学手段

（1）项目构思（Conceive）

项目分析：直接让学生做一个完整的项目，完成起来比较困难，学生不知道如何下手。我们可以引导学生制定一个简单易行的项目方案，用参与式教学方法，由教师和学生共同讨论研究制定。

项目的分解与合成：研究讨论的结果是把复杂的项目分成小项目，分别完成了小项目，合在一起，那么整个项目检测方法也就可以顺理成章实现了。

（2）项目设计（Design）

用探究式教学方法对学生进行引导，探究教学是在本课程的教学中将实际工程领域的探究引入课堂，使学生通过类似工程师的探究过程，理解工程概念和工程探究的本质，培养工程探究能力的一种特殊的教学方法。

通过分组的形式让学生制定检测方法和步骤，学生小组共同讨论制定项目实施的条件。

（3）项目实现（Implement）

主要强调对"实现（Implement）"环节的过程验证。要求学生熟悉和理解装配流程，明确装配方法和步骤，具体实施的细节部分。重点训练操作的规范性，逻辑思维能力和逻辑推理能力；在实现过程中，使学生体验团队协作的意义和作用，若实现过程受挫，则启发学生寻找、分析失败原因，总结操作过程中存在的不足之处，培养整体思考能力和发现问题的能力。重新制定新的方法和步骤，并进一步实施，以强化对相关知识的理解和运用。在实现过程中，考核学生操作的规范性，监视操作过程中的安全事项。

然后由指导教师和实践指导教师根据项目内容，下达任务。

（4）项目运作（Operate）

校企合作是项目运作的前提和基础，是一种将学习与工作相结合的一种教育形式，是人才培养模式的重大创新和深刻变革，学生以"职业工程师"的身份参与实际工作，在工作实践中学习成长。

项目也可在学生生产实习中完成，由企业师傅和实践教师指导，完成相应项目，实现学生角色向职业人角色的转变。

3. 教学组织形式

（1）理论讲解

任课教师首先向学生简介理论，在学生初步了解相关知识后，开始分析应用、到实践场所等。

（2）团队分组

在教学中，注重让学生进行组内交流与研讨，探讨解决问题的方法，拓展学生思路，提高分析问题、解决问题的能力。项目组成员之间在行动过程中进行工作方法、能力方面的互相交流。团队分组学习，讲究团结合作，共同完成工作项目。在时间的分配上，成员间相互配合，任务计划恰当，小组分配合理。

（3）分组评价

考虑到不是所有的学生都能自觉地去学习，没有学好的学生考核时肯定会受到影响，为了避免产生消极因素，实行分组评价。开展组内学生互评，主要强调贡献、合作性、责任心、评价等。为防止因人情分数拉不开距离，在每小组内排出贡献的名次。

（4）小组代表演讲

演讲分为前期构思演讲，谈谈构思过程和构思的结果，让大家共同学习和评价。另一个是总结演讲，谈谈学习过程中的得失、遇到的问题，如何克服，等等。演讲不仅对演讲者有多方面的提高，同时也能让其他同学在分享中提高。

（二）教学评价、考核建议

项目评估是学习的重点，是整个教学过程的组成部分，能促进文化交流，让学生更好地和其他成员一起学习。通过汇报发言，扩大了项目的学习范围，慎重选择合适的 CDIO 技能评估。

1. 知识考核

依据《阜阳职业技术学院教学管理规范》规定，进行考试或考查并评定成绩。

提倡考试模式创新和改革，采用多种考试方式，如笔试、项目考试、大型作业、探究式考试，充分反映学生的知识掌握程度。

2. 综合实践考核

（1）实训实习

实训实习是指时间在一周以上的课程实习、SP－CDIO 项目设计、专业实习、顶岗实习。实行课程化管理，实习不合格者不具备毕业资格。依据《阜阳职业技术学院实践教学管理规范》的要求评定成绩。

（2）毕业设计

毕业设计是实践教学的重要组成部分，按照 SP－CDIO 一级项目开展毕业设计。依据《阜阳职业技术学院实践教学管理规范》规定，毕业设计：构思（C）成绩（20%）、设计（D）成绩（20%）、实施（I）成绩（40%）、运作（O）成绩（20%），折算后按优（90～100 分）、良（75～89 分）、及格（60～74 分）、不及格（59 分以下）评定等级。

（3）课外实践考核

依据《阜阳职业技术学院学生课外实践活动管理规范》进行考核。

3. 能力考核

依据本专业能力考核指标体系，实行过程性考核。

4. 素质考核

依据本专业素质考核指标体系,实行过程性考核。

(三) 教学管理

1. 分段式的教学实施

第一学期有机械零件测绘一级项目,同时在刚入校时就开始有为期两周的金工实习一级认识项目。第一学期开设金属切削加工的提高项目,注重基础教学,提高基本技能。每个学期有两个学段,每个学段为 6~7 周,并在各学段结束后安排 1~2 周进行学期项目的设计与制作。其中第一个项目周注重项目的构思与设计,第二个项目周注重项目的实施与运行。配合项目的实施开展教学,每个学期安排两周的专项技能训练。这样,学生在学完课程后,通过项目的"设计—制作—专项训练",使得学生综合运用所学知识,培养学生的课程、知识、能力与素养的关联能力。

2. 校企合作式的柔性管理

按照校企合作内容,实施以分段式的教学安排,有利于根据生产性实训或企业生产对学院实习的需要,灵活调整各学期的学习内容,使课程教学的组织变得柔性化。每学年的 7~8 月为见习与实训期,与第三学年的顶岗实习形成一个有机的实训体系,由企业和学校共同管理;顶岗实习阶段,安排 SP - CDIO 项目的实施,根据学生分批到岗的需要灵活调整 SP - CDIO 项目的实施时间,将 SP - CDIO 项目实施的各个阶段灵活分配,特别是专项技能训练,全部放在企业顶岗实习阶段进行。

3. 模块化的课程项目管理

在课程组织中,采取以学期项目为中心的课程模块,使得学期项目得以实施。

课程项目模块,是针对企业真实生产项目的任务案例,改造成学习领域课程与职业素质课和选修课的组合,更是针对学期项目来"组合"课程。学生完成一个课程项目模块的训练时,通过顺利进行学期项目的 SP - CDIO 实现,使得能够掌握从事行业某一领域的工作能力。

4. 情境化的课堂教学管理

学习过程与工作过程有机结合,体会到真实的生产性实训条件,在每个企业典型案例的操作时,按照完整工作过程进行训练,通过系统化项目的反复训练,逐步加强学生的专业技能训练,采用项目的实施步骤,实施 SP - CDIO 项目教学、小组合作、项目汇报、资源开发和工程环境建设等手段,可通过"SP - CDIO"学习网站(http://cdio.fyvtc.edu.cn),数控机床服务网学习网站(http://jcfw.fyvtc.edu.cn)浏览、下载和使用。

第三部分　专业人才培养实施的条件、规范、流程和保障

一、专业人才培养实施的条件

(一) 专业教学团队

1. 基本情况

本专业人才培养方案探索具有针对性、可适用性、校企合作、项目导向等鲜明特色,根据"面向企业,项目递进"的课程体系,在教学团队建设上,需要培养多名专业带头人,以专业带头人引领专业建设发展。同时,人才培养方案的实施需要更多的骨干专业教师,以提升专业教师队伍整体水平。

大量来自行业企业一线的知名专家和操作技师作为本专业的兼职教师是本方案顺利实施的基本保障,为此,按照师生比例,至少需要 10 名兼职教师,共同参与教育教学全过程。

2. 专任教师

(1) 专业带头人

具备高等职业教育认识能力、专业发展方向把握能力、工学结合课程开发能力、组织协调能力;具备教研教改能力和经验,具有先进的教学管理经验;具备较强专业水平、专业能力,具备创新理念;成为专业建设的带头人,具备最新的建设思路,主持专业建设各方面工作;能够指导骨干教师完成专业建设、课程建设等方面的工作;能够牵头开发和建设专业核心课程;能够主持及主要参与应用技术开发课题;具有较强的相关企业经验,具有较强的现场生产管理组织经验和专业技能,能够解决生产现场的实际问题。

(2) 骨干教师与双师素质培养

能够较好地把握本专业发展的方向,具备一定的组织协调能力;在专业带头人的指导下,完成专业核心课程的开发和建设;具备一定的教研教改能力和经验,具有一定的教学管理经验;进行工学结合人才培养模式改革、课程体系和教学内容改革,获院级以上优秀教学成果奖或教学质量奖;具有一定的相关企业经验,具有一定的现场生产管理组织经验和专业技能,能够解决生产现场的实际问题。

(3) 兼职教师

了解企业工作过程中的技术、安全、环保与经济性要求;根据典型工作任务,制定学习目标、确定学习内容;合理利用教学场所、使用先进教学媒体,采用先进的教学方法开展教学;开发特色教材、学习指导书、教学课件、课程网站等相关教学资源;具有相关的专业技术职务,能分析和解决本专业技术的实际问题;具有企业生产锻炼经历,有高级以上职业资格证

书;语言表达能力强,能清楚、准确地表述专业技术知识;具备数控技术轴承方向课程的专业知识能力的基本要求。

(二)教学设施

1. 校内实训室

根据人才培养方案,需要虚拟实训、数控实训、维修实训、检测实训等实训室,用以改善实训条件,提升实训项目功能。主要实训室功能分析如下:

(1)材料及热处理实训室

功能:材料及热处理实训室是数控技术专业基础性实训室,承担机械工程材料、热处理等中级和高级工职业技能的训练及鉴定,承担教学、科研等任务。学生通过实训能够认识机械工程材料,热处理工艺的基本知识,了解各种材料的应用,加工工艺过程及热处理尺寸精度、形状精度以及表面粗糙度的控制。使学生获得基本生产工艺技能,锻炼学生安全生产意识,培养学生创新意识能力。

适应课程:机械工程材料及热处理,公差配合与测量技术,特种加工技术,SP－CDIO 项目等。

主要设备装备标准如表 3.1 所示。

表 3.1　材料及热处理实训室设备一览表

序号	设备名称	用途	数量/单位	基本配置	适用范围	备注
1	热处理炉	材料及热处理实训、SP－CDIO项目	2台	中型号 1 台,小型号 1 台	材料及热处理的中级、高级,SP－CDIO 项目的实施与运作	
2	材料拉伸试验机		1台	200 吨		
3	材料万能试验机		1台	200 吨		
4	材料拧转试验机		2台	200 吨		
5	硬度检测仪		2台	布氏 1 台,锂氏 1 台		
6	其他配套设备		1套	冷却箱、砂轮机及检测设备和工具		

(2)轴承、零件检测实训室

功能:具备基本尺寸、形位公差、表面粗糙度等检测实训功能。

适应课程:公差配合与测量技术、轴承检测技术等。

主要设备装备标准如表 3.2 所示。

表 3.2　轴承、零件检测实训室设备一览表

序号	设备名称	用途	单位/数量	基本配置	适用范围	备注
1	检测工作台	检测实训、一体化教学、项目实施	10 台	配平台 800×500	适用与检测常规复杂零件的公差及技术要求 检测轴承等零件的基本公差，SP-CDIO 项目运作	
2	三坐标测量机		1 台	海克斯康		
3	激光干涉仪		1 台			
4	粗糙度仪		2 台			
5	圆度仪等		若干			
6	轴承检测仪器		20 套	外径 100 mm 以下的滚动轴承		
7	其他常规检具		50 套	千分尺、游标卡尺等		
8	多媒体		1 套			

（3）数控虚拟制造实训室

功能：具备三维图形设计、维修软件运行、虚拟仿真制造等实训功能。

适应课程：CAD/CAM 技术、3D 打印技术、数控机床故障诊断与维修技术、数控机床仿真加工等。

主要设备装备标准如表 3.3 所示。

表 3.3　数控虚拟制造实训室设备一览表

序号	设备名称	用途	数量/单位	基本配置	适用范围	备注
1	计算机	虚拟制造实训	56 台	联想	三维图形设计、3D 打印、逆向工程等	
2	数控仿真软件		55 点	宇龙软件		
3	数控维修软件		55 点	思科维修软件		
4	UG 软件		55 点	正版 NX		
5	多媒体		1 台			

（4）电工电子实训室

功能：电工电子课程设计、维修软件运行、虚拟仿真考核等实训功能。

适应课程：电工电子技术、数控机床故障诊断与维修技术、SP-CDIO 项目设计等。

主要设备装备标准如表 3.4 所示。

表 3.4　电工电子实训室设备一览表

序号	设备名称	用途	数量/单位	基本配置	适用范围	备注
1	电工考核实训台	课程实验、一体化教学、课程实训	20 台	天煌实训台	电工电子技术课程实验、一体化教学、数控机床故障诊断与维修训练。SP-CDIO 项目的实施	
2	电工电子实训台		30 台	亚龙实训台		
3	常用检测与拆装工具		30 套	万用表、钳类工具等		
4	多媒体		1 套			

（5）机床电控实训室

功能：机床电气控制（PLC）课程设计、一体化教学、维修软件运行、虚拟仿真考核、SP－CDIO 项目实施等实训功能。

适应课程：电工电子技术、机床电气控制（PLC）、数控机床故障诊断与维修技术等。

主要设备装备标准如表 3.5 所示。

表 3.5　机床电控实训室设备一览表

序号	设备名称	用途	数量/单位	基本配置	适用范围	备注
1	车床电气实训台	课程实验、一体化教学、课程实训	30 台	亚龙实训台	电工电子技术课程实验、机床电气控制（PLC）一体化、数控机床故障诊断与维修训练。SP－CDIO 项目的实施	
2	铣床电气实训台		30 台	亚龙实训台		
3	磨床床电气实训台		30 台	亚龙实训台		
4	钻床床电气实训台		2 台	亚龙实训台		
5	常用检测与拆装工具		30 套	万用表、钳类工具等		
6	多媒体		1 套			

（6）磨削加工实训室

功能：磨削加工实训室是数控技术专业重要实训室，承担磨工等中级和高级工职业技能的训练及鉴定，接受来料加工等任务。通过实训学生能够进行磨工的基本操作，了解磨削加工工艺的基本知识，了解各种量具的使用、加工工艺过程及零件尺寸精度及表面粗糙度的知识，是其他加工的前道工序和决定工序。

适应课程：金工实习，公差配合与测量技术，数控加工工艺，SP－CDIO 项目等。

主要设备装备标准如表 3.6 所示。

表 3.6　磨削加工实训室设备一览表

序号	设备名称	用途	数量/单位	基本配置	适用范围	备注
1	平面磨床	磨削加工实训、SP－CDIO 项目	2 台	50 大型号	磨削加工技术的中级、高级，SP－CDIO 项目的实施与运作	
2	外圆磨床		2 台	大型号		
3	万能磨床		2 台	精密磨床		
4	砂轮机		10 台	刀磨刀具使用		
5	各种配套工具		10 套	测量、装调、金刚石笔等工具		

（7）焊工实训室

功能：焊工实训室是数控技术专业扩展实训室，承担焊工等中级和高级工职业技能的训练及鉴定。学生通过实训电焊操作，焊工加工工艺的基本知识和加工工艺过程及零件变形等知识，帮助学生在实习过程中获得基本生产工艺技能，锻炼学生安全生产意识，培养学生创新意识。

适应课程：金工实习，公差配合与测量技术，SP－CDIO 项目等。

主要设备装备标准如表 3.7 所示。

表 3.7　焊工实训室设备一览表

序号	设备名称	用途	数量/单位	基本配置	适用范围	备注
1	普通焊机	特种加工实训、SP - CDIO 项目	11 台	中型号	特种加工技术的中级、高级，SP - CDIO 项目的实施与运作	
2	气焊		1 台	氧炔焰焊机		
3	氩弧焊		1 台			
4	砂轮机		1 台	800 型、整体式		
5	抛光机		10 台	配切割片和抛光刷		
6	焊条烘干机		1 台	0.5 立方		
7	焊缝检测仪		10 套			材料实验室共用
8	拉伸试验机		1 台			
9	其他辅助工具		10 套	焊接工作台、焊工工作服等		

（8）特种加工实训室

功能：数控机床实训室是数控技术专业重点实训室，承担数控线切割、数控电火花成型机、雕刻等中级和高级工职业技能的训练及鉴定，接受来料加工等任务。通过实训学生能够进行机床编程与操作，学习数控加工工艺的基本知识，了解各种量具的使用，加工工艺过程及零件尺寸精度、形状和位置精度以及表面粗糙度的知识。这不但使学生在产品生产过程中获得基本生产工艺技能，同时还担负着综合素质教育即锻炼学生安全生产意识、培养创新意识的能力。

适应课程：CAD/CAM 技术，公差配合与测量技术，数控加工工艺，特种加工技术，SP - CDIO 项目等。

主要设备装备标准如表 3.8 所示。

表 3.8　特种加工实训室设备一览表

序号	设备名称	用途	数量/单位	基本配置	适用范围	备注
1	数控线切割机	特种加工实训、SP - CDIO 项目	3 台	中小型号	特种加工技术的中级、高级，SP - CDIO 项目的实施与运作	
2	数控电火花成型机		3 台	中小型号		
3	数控雕刻机		1 台	啄木鸟系列		
4	磨刀机		3 台	磨削硬度高的材料时用的万能磨刀机		
5	各种配套工具		10 套	测量、装调等工具		
6	多媒体		1 套	计算机、投影仪等		

（9）数控机床装调与维修实训室

功能：具备数控机床编程与操作、数控机床装调与维护、数控系统的维护、机床电路维修等实训功能。

适应课程:数控机床故障诊断与维修、机床电气控制(PLC)、电工电子技术等。

主要设备装备标准如表3.9所示。

表 3.9　数控机床装调与维修实训室设备一览表

序号	设备名称	用途	数量/单位	基本配置	适用范围	备注
1	数控车床维修工作台	数控机床维修实训	4台	FANUC0I 系统	数控车床工中级、高级;数控铣车工中级、高级;数控加工中心工中级、高级,SP-CDIO 项目的实施与运作	
2	数控铣床维修工作台		2台	FANUC0I mc 系统、西门子 802C 系统		
3	数控车床维修工作台		2台	华中数控系统		
4	小型可拆装的车床		4台	配齐拆装工具		
5	多媒体		1套			

(10) 3D打印及逆向创新设计实训室

功能:具备三维图形设计、3D打印、逆向等实训功能。

适应课程:模具设计与制造、CAD/CAM 技术、3D 打印技术等。

主要设备装备标准如表3.10所示。

表 3.10　3D打印及逆向创新设计实训室设备一览表

序号	设备名称	用途	数量/单位	基本配置	适用范围	备注
1	3D 打印机	3D 打印与逆向工程	2台	柜式,双喷头,打印ABS 材料	三维图形设计、3D打印、逆向工程,SP-CDIO 项目等	
2	3D 打印机		4台	桌式,PLA 材料		
3	3D 打印机		1台	柜式,打印陶土材料		
4	三维扫描		2台			
5	各种制作工具		10套	小刀、锉刀、强力胶		

(11) 模具拆装及制造实训室

功能:机械制图、测绘、模具拆装、一体化教学、SP-CDIO 项目演示与汇报等实训功能。

适应课程:机械制图、测绘 SP-CDIO 项目、模具拆装 SP-CDIO 项目等。

主要设备装备标准如表3.11所示。

表 3.11　模具拆装及制造实训室设备一览表

序号	设备名称	用途	数量/单位	基本配置	适用范围	备注
1	测绘桌	测绘、模具拆装、一体化教学、SP-CDIO 项目演示与汇报	50台	单人单桌	机械制图、测绘 SP-CDIO 项目,SP-CDIO 项目实施、模具拆装 SP-CDIO 项目	
2	测绘工具		50套	丁字尺等常用测绘工具		
3	多媒体		1套			
4	各种模具、模型		100套	冲压模、塑料膜、压铸模		
5	生产用注塑机		1台	立式注塑机、原料、工具俱全		
6	小型注塑机		桌式	注塑小件		

（12）SP－CDIO 项目创新设计实训室

功能：SP－CDIO 项目设计、演示与汇报等实训功能。

适应课程：课程设计、SP－CDIO 项目、会议讨论、成果分享等。

主要设备装备标准如表 3.12 所示。

表 3.12　SP－CDIO 项目创新设计实训室设备一览表

序号	设备名称	用途	数量/单位	基本配置	适用范围	备注
1	展示桌	测绘、模具拆装、一体化教学、SP－CDIO 项目演示与汇报	50 台	单人单桌	课程设计、SP－CDIO 项目、会议讨论、成果分享等	
2	计算机		20 套	联想		
3	多媒体		1 套			
4	载物台		1 套			
5	3D 打印机		1 台，桌式	打印 ABS 材料		
6	企业文化墙及模型		100 平方米	轴承企业文化、数控机床文化等		

2. 校内实训基地

学校建有机械加工等实训基地 3 个，可以承担数控编程与操作、轴承套圈车削加工工艺等多门课程的实训教学任务。校内实训基地情况如表 3.13 所示。

表 3.13　校内实训基地一览表

序号	实训基地名称	主要实训项目	实训设备	适用范围（职业鉴定项目）
1	机械加工实训基地	钳工实训，模具装配实训，车工实训，生产实训，SP－CDIO 项目	普通车床 30 台，钻床 10 台，钳工工作台 60 工位，铣床 3 台，刨床 1 台等，冲床 1 台，万能磨刀机 1 台，磨床 2 台	钳工、车工等中级、高级，认知实习、顶岗实习，SP－CDIO 项目实习
2	数控实训基地	数控车床编程与操作实训，数控铣床编程与操作实训，数控加工中心编程与操作实训，数控线切割编程与操作实训，数控电火花成型机编程与操作实训，SP－CDIO 项目	数控车床 21 台，数控铣床 14 台，数控加工中心 3 台，数控雕刻机 1 台，刀具预调仪 1 台，锯床 1 台	数控车床工中级、高级；数控铣车工中级、高级；数控加工中心工中级、高级，认知实习、顶岗实习，SP－CDIO 项目实习
3	轴承套圈加工实训基地	轴承套圈车削加工实习，顶岗实习，磨工实习，SP－CDIO 项目	轴承套圈车削加工生产线 6 条，磨削生产线 2 条，下料机 5 台，磨刀机 1 台，4.5 吨叉车 1 辆	轴承套圈车削加工、轴承套圈磨削加工，认知实习、顶岗实习，SP－CDIO 项目实习

3. 校外实训基地

本专业对校外实训基地的基本要求是：企业规模大、效益好、专业对口、技术先进、管理规范,给学生提供的实习岗位符合培养高素质技术技能人才要求,且与就业挂钩。

通过校企合作,本专业教学团队与 40 家骨干企业签订合作协议,建成稳定的校外实训基地,紧密型校外实训基地情况如表 3.14 所示。

表 3.14　紧密型校外实训基地一览表

序号	实训基地名称	主要实训项目	实训设备	适用范围(职业鉴定项目)
1	阜阳轴承有限公司	滚动轴承车削加工,滚动轴承磨削加工,滚动轴承检测与装配,热处理实习,SP - CDIO 项目实习	滚动轴承车削加工生产线,滚动轴承磨削加工生产线,滚动轴承检测与装配生产线,热处理炉	是厂中校教学,企业负责设立工作岗位、安全培训和技术指导,校内教师负责分组,巡回指导。设有工学交替实习、顶岗实习和 SP - CDIO 项目实习。实行厂中校共同管理和考核评价
2	芜湖甬微制冷配件有限公司	数控车床顶岗实习,数控铣床顶岗实习,数控加工中心顶岗实习,SP - CDIO 项目实习	数控车床、数控铣床、数控加工中心、磨床、钻床等	是厂中校教学,企业负责设立工作岗位、安全培训和技术指导,校内教师负责分组,巡回指导。设有工学交替实习、顶岗实习和 SP - CDIO 项目实习。实行厂中校共同管理和考核评价
3	安徽临创精机有限公司	数控机床装调与维修实习,SP - CDIO 项目实习	数控机床生产现场	是厂中校教学,企业负责设立工作岗位、安全培训和技术指导,校内教师负责分组,巡回指导。设有工学交替实习、顶岗实习和 SP - CDIO 项目实习。实行厂中校共同管理和考核评价
4	阜阳华峰精密轴承有限公司	轴承零件加工,轴承装配,轴承产品调试,SP - CDIO 项目实习	数控机床、轴承生产线、轴承装配现场	企业负责设立工作岗位、安全培训和技术指导,校内教师负责分组,巡回指导。设有工学交替实习、顶岗实习和 SP - CDIO 项目实习。实行厂中校共同管理和考核评价

（三）教材及图书、数字化（网络）资料等学习资源

1. 教材使用及开发

教材选用近三年出版的普通高等教育国家级规划教材、行业部委指定教材、省级规划教材、获奖教材和校本教材。

为培养数控技术专业轴承方向高素质技术技能人才，必须实施教学做一体化教学，本教学团队主编的教材如表 3.15 所示。

表 3.15　主编教材一览表

序号	主编	教材名称
1	杨　辉	《数控机床故障诊断与维修》
2	杨　辉	《数控机床故障诊断与维修实训》
3	许光彬	《数控车床编程与操作》
4	张朝国	《数控车床实训指导与实习报告》
5	万海鑫	《数控铣床（加工中心）编程与操作项目化教程》
6	万海鑫	《数控铣床（加工中心）实训指导与实习报告》
7	张　伟	《滚动轴承套圈磨削工艺》
8	亓　华	《机械制图》
9	王　宣、尚连勇	《机械制造工艺》
10	刘青山	《机械加工实训》
11	王传斌	《机械工程材料与热处理》
12	慕　灿	《UG NX8.0 中文版基础教程》

2. 图书资料

为使学生能够多渠道获得专业知识，加强图书资料建设必要性，阜阳职业技术学院购置了大量的专业书籍和报刊，建设了数字化期刊网，全文查阅维普（VIP）及中国知网（CNKI）数据库中的多种中文科技期刊，且可以做到师生共享；并在网上开通了超星数字图书馆，实现了电子期刊和电子图书的在线查阅，充分发挥了图书资料在教学中的重要作用。

3. 数字化教学资源

学院所有专业已建成专业教学资源库；教学资源库建设以专业为单位进行建设，通过系统设计、先进技术支撑、开放式管理、网络运行、持续更新的方式，按建设计划已完成建设任务；教务处负责教学资源建设的指导、协调、评审、验收；实训中心负责教学资源网站建设维护工作。

本专业教学团队依据岗位职业能力要求，参照国家职业标准、行业企业技术标准和技能大赛技术标准，已完成建设一门省级精品课程，三门院级精品课程，四门核心课程资源库，完善教案、课件、授课录像等教学文件与教学资源，实现优质资源共享。

二、专业人才培养的规范

(一) 专业人才培养目标的定位

1. 专业人才培养目标的定位原则

本专业教学团队经过调研,结合本专业的实际情况与社会需要,确立了"数控技术理论基础雄厚,技术技能娴熟的高级应用型技术人才"的专业培养目标定位原则,确立拥护党的基本路线,面向先进制造行业能从事数控机床应用、数控机床维护和维修、数控机床销售与服务、轴承检测、装配、制造等工作,具有良好职业道德和职业生涯发展基础的德、智、体、美等方面全面发展的高素质技术技能人才。

在人才培养方案上设置多个方向,学生可选择其中的一个方向进行学习。在做到"专而精"的同时,为不同特长与兴趣爱好的学生提供不同的学习与发展平台,最大限度地满足社会对不同岗位的人才需求。

2. 专业人才培养目标的确定程序

(1) 实施专业调研

专业背景:2012 年我国轴承制造业销售收入 1200 亿元,居世界第三位。大部分轴承企业使用数控机床生产,但自主创新能力、产品开发能力、产品质量与制造水平与国际知名公司差距较大。阜阳市已形成了以轴承加工、汽车、农业机械、数控机床等为主体的格局,成为中部的轴承生产和研发基地。

专业人才需求:全国规模以上轴承企业达 1700 家,从业人员约 35 万人;规模以下的轴承企业超 2000 家,从业人员超 60 万。其中,既懂数控技术又从事轴承制造的员工不到 1%。广泛使用高效、低耗、自动化装备是轴承产业转型升级的必由之路。阜阳及周边地区轴承及制造业的人才需求缺口较大。在"十二五"期间,阜阳增加技术人员 2000 人,阜阳 300 千米内需求该专业技术人员约一万人。

专业布点:我国本科轴承制造专业院校一所(河南科技大学),中等职业、技校共六所,2011 年六所技校共招生 2710 人。高等职业院校仅有阜阳职业技术学院开设轴承制造方向专业。现有的轴承加工技术人员多是制造专业的再培养,人才培养的结构性矛盾突出,面向轴承生产一线的数控技术人才培养等问题亟待解决。阜阳职业技术学院数控技术专业轴承制造方向填补了高职专业的空白,实现了人才链的连续性。

(2) 召开专业岗位能力分析会

通过调研结果召开专业岗位能力分析会,对数控技术专业毕业生及企业数控操作人员所从事的主要工作任务、职业发展历程细化,阜阳职业技术学院分析归纳出数控技术专业就业岗位的典型工作任务所要求的职业能力,采取并实施职业素养教育贯穿于人才培养全过程,以基本素养模块和职业拓展模块为主体,同时在职业基础技术模块、职业核心技术模块和毕业实践模块中设置素质培养目标,实施职业素养教育贯穿于人才培养全过程。

(3) 确定专业人才培养目标

综合上面几方面的考虑,阜阳职业技术学院将数控技术专业轴承方向培养目标定位为:面向皖北地区中小型机械装备制造企业,特别是轴承制造企业的生产、管理一线,培养拥护党的基本路线,德、智、体、美全面发展,掌握数控加工基本理论和专门知识,能运用数控加工及轴承制造技术,以计算机和 CAD/CAM 软件为主要信息工具,从事机械加工工艺编制和数控编程及(数控)机床操作、安装、调试与维护等岗位工作的高素质技能型人才。

随着区域经济的快速发展,行业产业技术不断进步,人才需求也会在不同的历史时期有所变化。建议根据经济发展、市场变化等需求,定期修订人才培养目标。

为全面实现专业培养目标,企业对岗位员工的能力需求是多方面的,既要满足职业能力的要求,更要具备职业综合素质,因此要加强学生人文素养的培养。

（4）审核与审定

每年均召开学院专业建设合作委员会会议,对专业人才培养方案进行审核把关,确保人才培养目标、课程体系与人才培养方案合理、完善。

（5）质量保障与监控

加强对人才培养过程的监控,对人才培养质量进行调研与反馈,针对实施与反馈情况发现问题,找出不足,提出调整意见和建议,为调整人才培养目标,优化人才培养方案提供可靠依据。

由以上五个方面循环往复,持续改进,形成机制,如图 3.1 所示。

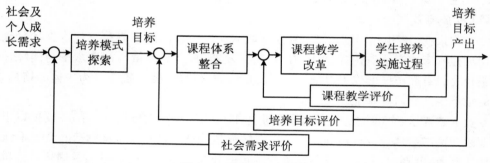

图 3.1　改革框架示意图

（二）专业人才培养模式的改革

1. SP‐CDIO 人才培养模式

我们对 CDIO 国际工程教育进行了本土化创新:采用了“基于专业技能培养和职业素养形成的 SP‐CDIO”人才培养模式。SP‐CDIO 是技能(Skill),素养(Professionalism),构思(Conceive),设计(Design),实施(Implement),运作(Operate)英文的缩写,它是“做中学”和“基于项目教学,工学结合”的抽象概括,SP‐CDIO 人才培养模式构架如图 3.2 所示。

通过开展专业人才需求和毕业生跟踪调研,结合地方轴承产业特点和结构调整的需要,在专业建设合作委员会指导、协调和监督下,对接数控技术和轴承职业标准,校企共同建立“基于专业技能培养和职业素养形成的 SP‐CDIO”人才培养模式。

2. SP‐CDIO 人才培养模式内涵

它以产品、生产流程和系统等项目从研发到运行的生命周期为载体,使学生以主动的、实践的、课程之间有机联系的方式学习。系统地提出了能力的培养、全面的实施指导(包括培养计划、教学方法、师资标准、学生考核、学习环境)以及实施过程和结果评价标准,具有可实施性和可操作性的特点。通过工学结合,完成相关项目内容,教学模式标准中提出的要求是直接参照企业界的需求,使得其能满足企业对技术人员质量的要求。其内涵如图 3.3 所示。

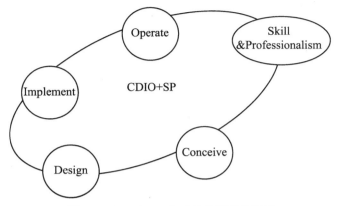

图 3.2　SP－CDIO 人才培养模式构架图

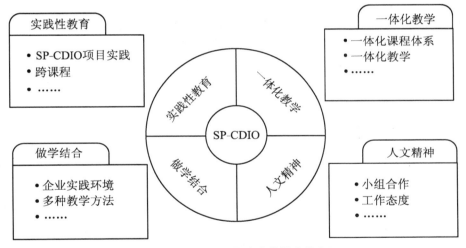

图 3.3　SP－CDIO 人才培养模式的内涵

3. SP－CDIO 人才培养模式的实施

校企共同参与能力培养,参照企业的需求制定评价标准,形成能力和素质的"三周期,三强化"工学结合的培养阶段。

第一周期为"职业素质养成期":第一学期在校内平台安排公共课程学习,学习 SP－CDIO 基本标准和要求,进行专业基本能力培养。安排一周在校内实训中心、临泉智创机和阜阳轴承等进行职业认知学习。穿插钳工实训和车工实训周期,形成专业基本认知。以职业和专业介绍、企业体验为主,建立完整的专业感性认识。

第二周期为"基本技能训练期":第二学期到第三学期初的生产性实训周期,在教学工厂实习,开展"做中学"的 SP－CDIO 小项目训练,掌握工程教育的基本技能,获得机械加工的基本技能。

第三周期为"专业技能培养期":第四学期到第五学期的生产性实训周期和理论强化扩展期。依据企业生产情况安排教学计划,在校外实习基地实习,培养机床操作、机械装调、轴承加工等专项技能。采取弹性安排课程,对接企业生产计划,分项目、分阶段实施,校内和校外交替,专任教师和兼职教师互补,全面培养专业技能。

第一强化为"方法能力强化期":第三学期的基本理论技能强化阶段,通过 SP－CDIO 三级项目的课程教学与实施,系统学习专业核心课程,提升专业基础知识,提高基本理论技能,更重要的是培养学生完成工作任务的方法能力。

第二强化为"专业能力强化期":第五学期的理论强化扩展学习阶段,通过 SP－CDIO 二级项目的课程教学与实施,系统学习专业核心课程,完成知识的关联性、知识综合运用,强化专业能力培养。

第三强化为"综合能力强化期":第六学期的顶岗实习和毕业设计,学生带着 SP－CDIO一级项目,分赴阜阳轴承、芜湖甬微制冷轴承等基地实习。学生在企业兼职教师指导下,在真实环境下,通过完成 SP－CDIO 一级项目的各个环节,进一步培养职业素质,提升社会服务意识,全面提高专业综合运用能力。

工学结合:整个人才培养过程,都是依托合作企业,依托轴承产业发展和专业合作委员会的指导。根据实习实训特点,与合作企业签订学生实习实训协议,制订数控技术专业《顶岗实习课程标准》、《顶岗实习手册》等教学文件。结合专业教师赴企业实践锻炼要求,定期选派专业教师指导项目构思(C)和设计(D)内容。聘请企业兼职教师,负责实施(I)和运作(O)阶段的情况,提高专业技能(S),养成职业素养(P)。

(三)专业课程体系设计

1. 课程体系设计

按 SP－CDIO 标准,重构知识、突出方向,形成专业课程体系。以素质培养为基础、以能力培养为主线、以专长培养为特色、以项目化课程改革为要求,数控技术专业构建了职业通用能力培养、专业核心能力培养与职业拓展能力培养的"面向企业,项目递进"的课程体系。

以专业技能和职业素养结合为目标,运用工作过程系统化理论开展课程项目设计,形成专业鱼骨图。加强项目实施(I)阶段的技能(S)训练,体系知识点在项目的实施上得以应用,强调各知识点的重要联系,知识、技能与素养得以体现。以各级项目为主线,以认知规律与职业成长过程,开展课程的优化与组合,实施项目式的课程体系,体现"SP－CDIO 项目是课程载体"理念。

2. 专业核心课程设计

与行业企业合作进行工学结合的课程开发,引入企业技术标准,进行教学内容更新和教学方法、教学手段改革。重点建设 4 门核心课程:"数控编程与操作"、"CAD/CAM 应用"、"数控机床故障诊断与维修技术"和"滚动轴承磨削工工艺"。其中,"数控编程与操作"包括:数控机床仿真操作、数控车床编程与操作、数控铣床(加工中心)编程与操作和特种加工技术四部分内容。以"数控车床编程与操作"课程设计为例:

(1)课程设计指导思想

"数控编程与操作"课在专家论证时,提出了以下设想:

① 学用一体,工学交替,双证融通,加强顶岗实习;

② 以工作过程为导向,以工作任务为载体,开展 SP－CDIO 项目教学;

③ 开放式的课程任务与开展,保证原来大纲规定的各个知识点和重点不变;

④ 使用"仿真"教学手段,结合具体实训、实习,系统培养学生动手能力,减少教学经费

的开支;

⑤ 与企业共同进行课程开发与开展。

（2）课程设计思路

具体思路:练技能、强素质、谋职业。通过理论打基础,通过实践练技能,通过技能谋职业。

① 实践教学环节与理论教学环节的合理结合;

② 实践性教学的层次性,包括三级 SP - CDIO 项目;

③ 实践性教学的多样性,其中包括 SP - CDIO 项目的实施和运作阶段。

通过 SP - CDIO 项目的设计,对工作过程和任务进行仔细分析,确定学习领域的目标和内容,根据目标和内容,结合岗位工作实际来区分学习情境。并进一步设置任务单位,以便开展教学。

为得到学习情况的顺利开展,每个 SP - CDIO 学习项目、每个任务单位配置相应的师资队伍和教学开展,并在每个任务教学之前做好各项实训教学准备。通过理论和实践一体化的教学开展,以及对其过程考核,在完成工作任务的过程中,培养了学生的专业技能和其他能力,为今后的就业和可持续发展打下基础。

（3）课程体系设计

在课程体系设计时,阜阳职业技术学院请来行业企业专家,召开课程研讨会,探讨"数控编程与操作"课程核心岗位,来进行分析"数控编程与操作"核心工作岗位确定在数控编程员、操作员、工艺员这样的一个工作岗位。我们发现各个岗位面对最基本的操作是:数控编程、机床操作、轴承制造、工艺分析,对此基本上是工艺员、维护与维修等工作人员。基本的和专业的工作任务找到了,再对所需要的能力和知识进行进一步的细分和整核,就是知识结构与重组,必须保证 SP - CDIO 各级项目的各个知识点总量与原课程体系大纲要求一致,不能减少;否则就达不到要求。对于"数控编程与操作"这门课程来说,结合当前企业的要求,进一步地把工作岗位细分和工作任务细分,这样就更能明确这门课程的学习内容和目标。

任务剖析阶段:该阶段中,以实际生产任务为实例,根据企业的工作过程对其进行剖析,使学生掌握企业进行生产管理及新产品开发的流程、开发技术和开发方法,例:阜阳轴承厂项目。

步骤一:针对项目"轴承的生产",整体展示;

步骤二:可行性研究与系统分析;

步骤三:加工工艺设计;

步骤四:加工工艺的实现与检验。

根据机械加工企业的真实工作环境,根据他们的岗位来划分不同的学习情境,可以发现,无论是制造加工岗位还是维修和编程岗位,均把数控岗位分为数控车编程与操作、数控铣的编程与操作,四大部分模块。因此,对这四大部分划分为 24 个学习情境模块:

（4）学习情境的编程仿真模块(10 个)

项目一:简单台阶轴零件的数控加工程序编制与仿真模拟加工;

项目二:多阶梯轴零件的数控加工程序编制与仿真模拟加工编程;

项目三:套类零件的数控加工程序编制与仿真模拟加工;

项目四:非线性回转曲面零件的数控加工程序编制与仿真模拟加工;

项目五:异性轴类零件的数控加工程序编制与仿真模拟加工;

项目六:中等复杂回转类配合零件仿真模拟加工;

项目七:方型零件的数控加工工艺设计、程序编制与仿真模拟加工;

项目八:腔槽类样板零件的数控加工工艺设计、程序编制与仿真模拟加工;

项目九:系列孔板类零件的数控加工工艺设计、程序编制与仿真模拟加工;

项目十:函数曲面和轮廓板类零件的数控加工工艺设计、程序编制与仿真模拟加工。

(5) 学习情境的机床操作模块(14 个)

数控车床 7 个,分别是:

项目一:数控车床机械结构和操作规程认知;

项目二:数控车床基本操作;

项目三:简单台阶轴零件的数控加工程序编制与加工;

项目四:多阶梯轴零件的数控加工程序编制与加工;

项目五:套类零件的数控加工程序编制与加工;

项目六:非线性回转曲面零件的数控加工程序编制与加工;

项目七:中等复杂回转类配合零件加工。

数控铣床 7 个,分别是:

项目一:数控铣床机械结构和操作规程认知;

项目二:数控铣床基本操作;

项目三:方型零件的数控加工程序编制与加工;

项目四:腔槽类样板零件的数控加工工艺设计、程序编制与加工;

项目五:系列孔板类零件的数控加工工艺设计、程序编制与加工;

项目六:函数曲面和轮廓板类零件的数控加工工艺设计、程序编制与加工;

项目七:加工方型(有曲面特征)配合零件等学习情境。

在选择典型工作任务,划分学习情境,制定 SP - CDIO 学习项目时,SP - CDIO 学习项目必须是针对真实工作过程教学化加工。依据典型工作任务,SP - CDIO 学习项目以完成过程任务为目标,符合学生的认知发展规律,是从一般到复杂,从局部到整体的发展过程。

在设计 SP - CDIO 学习项目时,对每个 SP - CDIO 学习项目都进行了仔细地描述,描述的内容包括制定达到的目标,学习的典型内容,采用的教学方法,使用的加工检测工具与多媒体课件,选用的机床、选用的系统,工件的复杂程度,选用的夹具,选用的辅具,需用量具,以及学生应该具备的基础知识和教师应该具备的能力。通过这些方法,来确保不同的教师,不论是来自企业,还是来自学校的,都能对教学统一。

由于本课程的学习情境多,每个 SP - CDIO 学习项目可以包括多个学习情境,在每一个学习情境中,进一步具体细分到每个具体的任务单元。

3. 教学模式

(1) 教学方法设计

根据具体岗位的典型工作任务,选取适合专业教学的条件,转化成 SP - CDIO 学习项目。例如“数控编程与操作”课程,借鉴了德国和新加坡的职业教学模式。结合数控技术专业自身和学校实际条件,以具体的行动为导向,以完成 SP - CDIO 学习项目任务为目标,在教学中结合运用任务驱动法与项目引导法、强化重点法、分组讨论教学法、研究性学习法、项目分解教学法、示范教学法、现场教学法等。

① 任务驱动法。例如"数控编程与操作"课程,是根据实际的数控加工程序和加工工艺,选择正确的操作方法和规程完成零件的数控加工为最终目标的课程,使得学生在实训过程中目标明确,从而调动其学习的积极性和主动性。为达到 SP-CDIO 学习项目任务的完成,每个人都会发挥其个人的能动作用。

② 项目导向法。SP-CDIO 学习项目在设计过程中侧重点有所不同,有的侧重刀具对刀,有的侧重刀具的调整,有的则侧重于零件的测量和工艺的优化,从而有利于在实践中对学生的个性化培养、有利于教学效果的提高。

③ 项目分解教学法。本课程涉及内容多,教学任务重。在教学中首先将课程内容分解成若干个知识点,让学生对各个知识点进行学习,便于学生理解。在学生逐步掌握的基础上,再将各个知识点连接起来,形成 SP-CDIO 三级项目,确保实现课程的教学目标。

④ 示范教学法。通过教师上课的讲解与示范操作,学生对实训内容有着深刻的感性认识。学生在具体操作训练过程中,指导教师首先将各项操作的要领逐一传授,学生则通过对各项工序的操作训练,提高自己的操作技能。对于示范教学,关键在于示范讲解要清晰、现场指导要到位、错误纠正要及时。

⑤ 强化重点。例如"数控编程与操作"知识点很多。在具体实训时,根据学生接受能力,反复训练讲解实训难点,并采用团队合作形式,鼓励他们相互协作、相互帮助,从而培养合作意识。

⑥ 研究性学习法。通过设定任务与相关问题,让学生通过各种教学资源渠道进行自主研究性学习,培养学生的自学能力和良好的学习习惯。

⑦ 现场教学法。采用生产性实训的真实实训环境,边讲边学。由于环境真实,学生的学习感受会更加深刻,并能锻炼学生的职业习惯,有利于职业习惯的养成。

⑧ 分组讨论教学法。在 SP-CDIO 学习项目教学中,注重让学生进行组内交流与讨论,探讨问题的解决方法,开拓学生思路,提高学生自身的分析和解决问题的能力。在教学过程当中,为了帮助学生主动学习,例如"数控编程与操作"课程,按工作任务划分模块,以数控加工工艺方案制订和编制程序为基础,充分注意到各类不同机床加工程序编制的共性,同时重视各类机床程序编制的不同特点,让学生拥有清晰、完整的程序编制概念,着重掌握对各类数控机床编程和加工调试的能力,实现理论与实践一体化。课程的重点在数控车床、数控铣床的编程和操作应用上,即在 SP-CDIO 技能上。

(2) 教学环节设计

例如"数控编程与操作"课程,是以数控机床编程、操作实训为主,所有知识都在技能操作训练过程中得以理解和掌握,以训练学生数控机床实际操作技能为目标,将零件图知识、数控编程知识和数控加工等知识嵌入到各个模块工作任务中,通过分析、讲解和演示典型零件设计案例进行课程实际教学。技能训练分为五个环节:

① 演示:将学习情境中的案例进行分析、讲解和演示示范。

② 模仿:模仿老师操作的方法,进行零件工艺规划、程序的编制和数控机床实际加工,理论与实践相结合,"教、学、练"三者有机结合。

③ 练习:根据案例实际操作方法和老师的引导文,自己实际动手操作数控机床,注重规范操作和职业素质培养。

④ 拓展：根据教师设计典型零件图，由学生自己规划工艺，选择刀具和加工参数，编制合理、正确的数控加工程序。

⑤ 实训：全面运用所学习的知识和所掌握的技能，选择手工编程方式，操作数控机床加工中等复杂零件。

（3）教学手段应用

教学中采用灵活多变的教学模式，如案例教学法、多媒体、录像、实际观看操作流程等教学方法，设计好加工图样、零件练习图供学生实际操作练习；与学生互动讨论数控车、铣的加工方法和加工技巧，引导学生自主学习和掌握数控机床实际操作水平。

针对不同的实训项目和实训任务，采用多种灵活多样的教学方法。

学校配有专业专用的多媒体机房，具备 120 台电脑设备，并具连接局域网与数控车间联网，专有两套网络版的虚拟教学软件系统，以及多套 CAM 软件和机床、刀具数据库和教学录像。通过虚拟软件教学，以及教学录像和多媒体教学系统、视屏资料，以及网络教学资源的辅助，使学生在工作之前，对操作的过程、步骤有一个清晰的了解，减小学生在实训中完成任务的失误率，并且有利于提高学生动手的积极性，对于教学效果的提高也有非常大的促进作用。在课程设计的过程中，我们改革了以往的考试方法，采用过程考核，即在学生完成工作任务的过程中，对他们进行考核。实践证明，这不仅培养了学生的动手能力，而且学习的积极性和学习效果也明显提高。在"数控编程与操作"课程方案开展过程中，做好教学准备。

（4）教学开展过程

根据班级，每 40 人可配四位教师（三位专职教师，一位企业兼职教师），四人共同实现一体化教学过程。企业兼职教师主要是实训指导，每五人一组，学员组长一名，须安排组内任务的工作协调，负责卫生、工具领取、设备保养等，主要为了便于教学过程中的小组讨论和团队合作，以培养学生的方法能力和社会能力。

此外，根据工作任务要求，选择教学媒介，准备好完成任务所需工具，设备和材料。

根据具体化的教学方案设计，按照教学的工作过程来开展教学，在教学当中，运用了多种教学方法，注重过程考核，最终完成工作任务。

教师既是理论教师，又是车间师傅；既能在课堂讲加工的理论，又能在车间操作机床。这种理论与实践相结合的教学，要求老师不仅会讲，而且会做，更知道如何用恰当的方法教会学生做，使理论紧密结合实践，教师示讲示演，缩短了学生掌握知识、技能的时间，提高了学习效率。

学生在学校学习基本理论、基本知识，掌握基本方法，在计算机上进行数控编程与加工的仿真实训，在实训车间掌握了基本操作技能，打下了数控加工技术的基础，为后续的课程、顶岗实习和将来的发展打下基础。

学生在工厂生产性实训，以强化数控机床操作的基本技能。指导老师在此只起到辅助作用，通过加工零件数量的不断增加、质量的提高和难度加大，学生的基本技能都得到了巩固和提高。

在后期，在"开乐汽车、阜阳轴承厂"校企合作平台上结合"阜阳轴承厂"的生产，顶岗实习，促进了生产对课程内容和培养技能的掌握，以增强生产的岗位适应性。

（5）基于工作过程的教学模式

在与阜阳轴承有限公司的合作时，阜阳职业技术学院掌握了基于工作过程的教学模式，这个教学模式的特点体现在以下几方面：

① 与阜阳轴承有限公司等合作企业共同设计 SP – CDIO 项目方式，引导学生经历完整的咨询与决策、计划与实施、检查与评价工作过程；

② 数控机床操作包括：零件图分析——工艺分析——数值计算——程序编制——程序输入——零件加工；

③ 通过项目的构思、设计、实施和运作阶段，把握六关：零件图分析关、工艺分析关、数值计算关、程序编制关、程序输入关、零件加工关，才能完成工作任务；

④ 通过在工厂生产实训，提高操作技能，通过校中厂和厂中校的实训培养职业素养。

（6）"数控机床故障诊断与维修技术"课程设计实例

采用 SP – CDIO 项目教学法：

① "数控机床的装配"项目——构思：

（a）项目分析。

"数控机床的装配"主要体现在机械与电器的问题上，涉及的数控机床知识比较全面，如果把它直接作为一个项目，学生完成起来比较困难，也不知道如何下手。为了完成这个任务可以引导学生制定一个简单易行的方案，可用参与式教学方法，由教师和学生共同讨论研究制定。

（b）项目的分解与合成。

研究讨论的结果是把复杂的项目分成小项目。我们知道，数控机床的工作性能主要涉及四方面的问题，一是伺服性能；二是精度性能；三是可靠性性能；四是机械性能。我们把该项目分成四个小项目，四个小项目分别完成了，合在一起，那么"数控机床的装配"这个项目检测方法也就可以顺理成章实现了。

项目的合成：数控机床电气性能的检测（其他方面完好）；系数控制性能的检测（其他方面完好）；液压性能的检测（其他方面完好）；机械性能的检测（其他方面完好）。

② "数控机床的装配"项目——设计：

在四个小项目检测方法设计中，用探究式教学方法对学生进行引导，探究教学是在本课程的教学中将实际工程领域的探究引入课堂，使学生通过类似工程师的探究过程，理解工程概念和工程探究的本质。这是培养工程探究能力的一种特殊的教学方法。

通过分组的形式让学生制定检测方法和步骤，如对定位精度的检测修订等。学生小组共同讨论制定的项目实施的条件，确定检测的方法和步骤。

项目实施的条件：

FANUC 0i 系统的数控机床维修资料；国标 GB4728 – 85《电气图用图形符号》和数控机床的电路图符号；压力表、液压泵试验台、数字式万用表，检测仪等。

③ "数控机床的装配"项目——实现：

主要强调对"实现"环节的过程验证。要求学生熟悉和理解装配流程，明确装配方法和步骤，具体实施的细节部分。重点训练操作的规范性，逻辑思维能力和逻辑推理能力；在实现过程中，使学生体验团队协作的意义和作用，若实现过程受挫，则启发学生寻找、分析失败原因，总结操作过程中存在的不足之处，培养整体思考能力和发现问题的能力。重新制定新的方法和步骤，并进一步实施，以强化对相关知识的理解和运用。在实现过程中，考核学生操作的规范性,监视操作过程中的安全事项。

首先由理论指导教师和实践指导教师根据数控机床系统常见的故障共同设计数控系统的故障,下达任务,由学生来具体诊断排除。

学生小组通过检测的方法、步骤,按照正规的操作方法进行检测,诊断出故障的部位,进而排除故障。

④ "数控机床的装配"项目——运作:

校企合作是项目运作的前提和基础,是一种将学习与工作相结合的一种教育形式,是工程技术人才培养模式的重大创新和深刻变革,学生以"职业工程师"的身份参与实际工作,在工作实践中学习成长。

在此项目中(此项目也可在学生生产实习中完成),由企业师傅和实践教师指导,完成相应项目的实际诊断和检测,实现学生角色向职业人角色的转变。

注重培养学生综合运用能力、创新能力、举一反三能力和解决关键技术问题的能力,形成具有独立主持项目等管理能力和项目执行能力。

⑤ 项目的评价:

项目的评价应具有灵活性,应以自我评价、小组间互评和理论指导教师、实践指导教师以及工厂技术人员评价相结合,评价注重完整的工作过程。评价内容包括项目构思、项目设计、项目实现过程和结果、项目运作过程和结果以及学生的团结协作能力和规范操作能力等。侧重于分析项目工作中存在的问题,寻找解决问题的方法。既有利于培养学生的实践工作能力,也有助于学生团结合作能力的形成。

(四) 专业师资队伍建设

校企共建师资队伍,通过开展青年教师联合培训,科研课题合作攻关,实验实训"双指导",毕业设计"双指导",教学效果"双评价"等方式,打造一支双师结构的教学团队。建设期内,专业教师双师素质比例达 93%,兼职教师承担专业课时比例达 50%。

1. 专业带头人培养

聘请阜阳轴承有限公司徐力担任专业带头人,参加职业教育理念培训,把握专业发展方向,整合行业企业资源。

支持已有专业带头人承担省级以上教科研项目研发,选派到国内外开展职教理念培训、专业和课程项目设计能力培训,参与各级教学资源库建设项目,培养创新能力。

将王宣老师培养成能把握专业(群)改革和建设的发展方向,有较强的实践能力的专业带头人。王宣老师通过企业锻炼、科研项目开发、技术创新服务等,在行业有一定知名度和影响力。

将许光彬老师确定为数控技术专业带头人培养对象,安排到国内外接受职教理念、专业和课程设计能力培训,进行 SP - CDIO 项目指导、主持课题研究和课程创新开发等,使其快速成长。

2. 骨干教师培养

选派 9 名教师参加师资培训、高校进修,分批出国培训学习先进职业教育经验,分批到"数控技术教学工厂"、"阜阳轴承 TCC 教学区"等企业实践锻炼,分配课程建设、教学资源建设、案例开发等任务,资助产学研项目,不断提高骨干教师项目课程开发能力。

3. 双师素质教师培养

以校企合作基地为依托,通过企业实践锻炼、教学实践能力培训与考核,通过教师赴企业实践锻炼,加强教师双师素质培养,提升以技术应用、产品开发为主的社会服务能力,每年专业教学团队承担5~10项企业的技术服务。

4. 兼职教师队伍建设

充分利用阜阳轴承有限公司、临泉智创精机有限公司、阜阳华峰精密轴承有限公司、安徽鼎铭汽车配件有限公司等合作企业资源,根据《阜阳职业技术学院关于外聘教师的聘用、管理与考核办法》,聘请行业企业专家、技术人员和能工巧匠,建立了64人的相对稳定的兼职教师资源库。

定期开展兼职教师教学能力培训,组织兼职教师教学资格认证等活动,广泛收集兼职教师建议和意见。兼职教师主要承担实践技能课程任务、"阜阳轴承 TCC 教学区"教学任务、顶岗实习指导、毕业设计项目的实施和运作。灵活安排兼职教师的授课时间,兼职教师承担的专业课时比例达50%。

通过校园网络管理兼职教师,包括基本信息、教学活动、实习指导等,加强对兼职教师队伍的管理。

(五) 专业实训基地的建设

以学生训练为中心,以能力培养为核心,以就业创业为导向,以服务阜阳区域经济发展为宗旨,科学配置现有实训室的功能,优化现有资源的利用,开展实训基地的内涵建设。发挥"数控技术教学工厂"、"阜阳轴承 TCC 教学区"等现场独特作用,拓展合作企业在复杂生产、高端设备、先进工艺、顶岗实习、SP - CDIO 项目、毕业设计、企业文化等方面的功能,广泛开展培训、鉴定、技术咨询等服务项目,提升服务能力。

1. 校内实训基地建设

围绕"基于专业技能培养和职业素养形成的SP - CDIO"工学结合的人才培养模式改革,按照实训、生产、培训与鉴定、技术开发与服务等功能要求,在原有设备的基础上,打造专业基本能力训练、专项能力训练、综合能力训练的实践教学环境。包括数控虚拟制造实训室、数控机床装调维修实训中心、轴承零件检测室、数控技术教学工厂的不断完善。扩建数控机床装配维修实训中心,扩建数控技术教学工厂和虚拟制造实训室,拓展实训功能,新建3D打印实训室,增加仪器设备和品种,为学生提供与实际生产一致的学习环境,满足学生能力培养的要求。

2. 校内实训基地内涵建设

(1) 校内实训安排

教师根据课程进程需要,确定实习时间、实习内容和学生数,或者是开课计划安排好的实习内容。在实训前一周通报实训基地负责人,准备实训设备和相关内容;每组学生均有一位指导教师;每个学生实训基地均有至少一位联系教师。

(2) 校内实训管理

学生每周通过 E-mail 提交一份报告,总结一周在企业所做的事情;联系教师在每周实习期间至少去实训基地2~3次,了解学生在实训基地的实习情况、沟通情况,并召开一次由学生、师傅或部门负责人参加的讨论会,并查看当周实习报告;指导教师根据学生每周的实习报告进行过程管理。

（3）校内实训评价

学生每周提交实习报告；实习中期及结束时，指导教师或实训基地负责人提交一份评价表；实习结束时，学生提交总实习报告，并作 10～15 分钟的口头报告，由学生所在院系的教师进行评分；实习成绩只分"合格"与"不合格"两种。

3. 校外实训基地建设

按照专业人才培养需要、布点合理、功能明确的原则，新建能够容纳 20 余人同时实训、相对稳定的实习就业基地四家，不仅为数控技术专业学生能力训练提供有利的环境，同时为地方企业提供大量数控专门人才储备。与阜阳轴承有限公司等 4 家企业合作共建"阜阳轴承 TCC 教学区"等"厂中校"。

加强与企业的文化对接，在教学、管理等方面融入企业元素。将企业的生产、管理、经营、安全操作规程与 6S 管理等企业文化引入课堂；加强基地内涵建设，在教室、实训室内外设置管理制度、操作规程图版等，形成良好的企业氛围与育人环境。

学校与阜阳轴承有限公司共同建设企业文化展示中心，学校提供场地，展示校企合作育人模式和阜阳轴承产品，及时展示数控机床新产品、新技术、新工艺。本中心同时也是教学的一个主要基地，承担专业教育、认识实习、学习企业文化、SP－CDIO 的项目运作等教学任务。

4. 校外实训基地内涵建设

（1）企业实习安排

教师确定实习任务、实习时间、学生数；学生所在院系联系、确定实习企业；每组学生均有一位指导教师；每个学生实习企业均有至少一位联系教师。

（2）企业实习管理

学生每周通过 E-mail 提交一份报告，总结一周在企业所做的事情；联系教师在一个月实习期间至少去企业 2～3 次，了解学生在企业的适应情况、沟通情况，并召开一次由学生、师傅或部门主管参加的讨论会，并查看当周实习报告；指导教师根据学生每周的实习报告进行过程管理。

（3）企业实习评价

学生每周提交实习报告；实习中期及结束时，企业师傅或部门主管提交一份由企业提供的评价表；实习结束时，学生提交总实习报告，并作 10～15 分钟的口头报告，由学生所在院系的教师进行评分；实习成绩只分"合格"与"不合格"两种。

三、专业人才培养的流程

按照 SP－CDIO 专业人才培养模式，分学期或分阶段实施人才培养过程。以学生培养过程为例的专业鱼骨图如图 3.4 所示。

在教学组织上，第一和第二学年设置相应的实践教学周，根据合作企业的产品类型，分别安排学生在阜阳轴承有限公司进行产品的认知、装调，安排学生至安徽临泉智创精机有限公司进行数控机床装调、维修等生产性实训，使学生在数控设备生产制造、产品使用、维修、营销的真实环境中，学习知识、训练能力、提升素养。第三学年的顶岗实习阶段，与企业共同制订顶岗实习计划，共同负责顶岗实习的实施与管理，包括安全教育、企业文化熏陶、技能培训、轮岗实习、顶岗实习、SP - CDIO 毕业设计项目等几个环节,培养学生的综合能力。

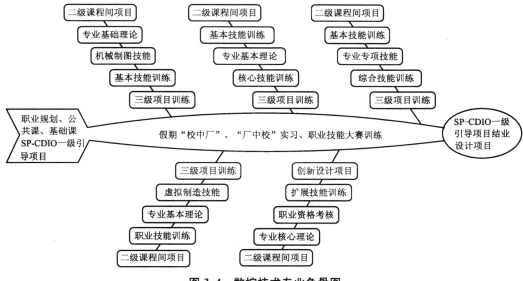

图 3.4　数控技术专业鱼骨图

在各个培养阶段,采取不同形式的工学结合,整个人才培养过程都是依托合作企业,依托轴承产业发展和专业合作委员会的指导。

四、专业人才培养的保障

(一) 组织保障

成立"政、行、企、校"专业建设合作委员会,依托中国轴承工业协会人力资源委员会、阜阳市科技局、阜阳轴承有限公司、安徽临泉智创精机有限公司、合肥工业大学等,成立了数控技术专业建设指导委员会。

制订《数控技术专业建设指导委员会工作细则》等制度,定期召开专题会议,集中对教学团队建设、实训基地建设、社会服务能力建设等进行指导,对专业建设规划、人才培养方案、课程标准等进行审议,对相关校企合作制度、管理办法和实施细则等进行修订,促进校企深度合作,实现人才共育。

(二) 制度保障

1. 校企合作、工学结合的运行机制

(1)"校中厂、厂中校"合作育人机制

依据数控技术专业轴承方向特点,结合典型轴承产品的案例,利用企业产品优势,与阜阳轴承有限公司共建"厂中校"。制订了《"阜阳轴承厂中校"建设与管理实施细则》等制度,双方按照"产权明晰、管理科学、权责统一"的原则,制定"阜阳轴承厂中校"建设方案,开展人员互聘,共同组建教学管理团队,共同制定人才培养方案,共同开发课程和教学资料,共同实施教学计划,形成"共同决策、共同管理、共同评价"的合作育人长效机制。

（2）"多元主体"校企合作机制

由企业、学校和利益相关者等共同成为育人主体,在校内外实训基地建成与专业核心课程相对应的实习实训场所,在生产车间中建立教室,校企共同开展"认知实习"、"SP－CDIO项目实施与运行阶段实践"、"顶岗实习"等三类课程开发与教学。

2. 教学运行管理机制

按照学院教学质量管理与监控体系建设要求,根据"SP－CDIO"人才培养模式实施特点,校企共同制定专业教学质量标准,制定教学环节监控点、教学质量监控制度,严格执行"校中厂"和"厂中校"建设与管理实施细则等制度,共同负责教学过程管理与监控和多元项目化考核。规范教学质量信息反馈制度,通过实施学生信息员制度、教学督导制度以及常规教学检查制度、顶岗实习专项检查制度,确保"SP－CDIO"人才培养模式的顺利实施和人才培养质量不断提高。

建立学生、家长、用人单位和利益相关方的要求和满意度的反馈渠道,通过评价分析和持续改进,不断凝练和推广经验。不断完善实习实训指导书及实训过程性资料的收集与管理,通过教学质量监控体系的持续改进,保障人才培养质量的持续提高。创新监控机制如图3.5所示。

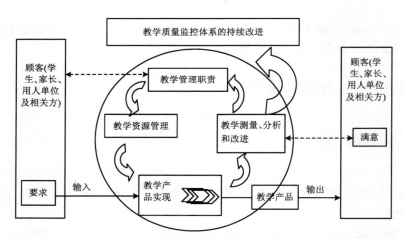

图 3.5　教学质量创新监控机制示意图

3. 专业建设合作委员会

在中国轴承工业协会的大力支持下,阜阳职业技术学院同合肥工业大学、阜阳轴承有限公司等合作企业的专家,共同组建了数控技术专业建设合作委员会,其中阜阳职业技术学院工程科技学院李平院长任主任,阜阳轴承有限公司科研处薛正堂高级工程师、安徽临泉智创精机有限公司王子彬总经理分别任副主任,专业建设合作委员会还特邀了中国轴承工业协会人力资源委员会秘书长刘辉小组为特邀委员。专业委员会将定期召开会议,审核专业人才培养方案、课程标准、实训计划等。数控技术专业建设合作委员会成员名单如表3.16所示。

表 3.16　数控技术专业建设合作委员会成员一览表

序号	姓名	性别	年龄	职　称	工　作　单　位	委员会职务
1	李平	女	53	工科院院长、副教授	阜阳职业技术学院	主任
2	薛正堂	男	45	科研处处长、高级工程师	阜阳轴承有限公司	副主任
3	王子彬	男	42	总经理、高级工程师	安徽临泉智创精机有限公司	副主任
4	韩江	男	52	副院长、教授	合肥工业大学	委员
5	樊骏	男	50	行政总监	芜湖甬微制冷轴承制造有限公司	委员
6	鲁群	男	41	副总经理、经济师	JAC 江淮安驰汽车有限公司	委员
7	刘新强	男	52	董事长、高级工程师	安徽汽车配件有限公司	委员
8	张书斌	男	44	副总工程师、高级工程师	阜阳天驰机械制造有限公司	委员
9	张立新	男	51	总经理	阜阳三江水电物质有限公司	委员
10	杨辉	男	39	工科院副院长、副教授	阜阳职业技术学院	委员
11	刘辉	男	53	秘书长、高级工程师	中国轴承工业协会人力资源委员会	特邀委员

4. 顶岗实习的监控

（1）顶岗实习方案制定

校企合作共同制定学生顶岗实习方案，经专业合作指导委员会审核后，方可实施。对于顶岗实习内容、时间等，都做了一定的规划，教学计划完成了全部理论教学和实验、实训教学任务，进入了顶岗实习、社会实践及实际操作阶段。

（2）顶岗实习组织管理

成立专门顶岗实习指导小组，定期赴实习企业巡视，同时安排校内联系人，校内联系人按规定的时间前去企业探访。企业安排师傅指导，定期与学校联系人联系。

（3）顶岗实习过程管理

毕业生要根据所学专业，选择与本专业相符或相近的岗位作为自己的实习场所。在顶岗实习过程中要虚心向别人学习，在了解工作环境和程序的基础上，注重实际操作，提高实践能力，熟悉生产环节，为今后就业打下良好的基础。

学生根据自己所学专业内容，按照指导教师所拟定的毕业论文参考题目，将实习工程分三个阶段进行：第一阶段为调查了解、熟悉情况、收集资料；第二阶段在有关实习指导老师（师傅）的指导下完成课题，写出毕业论文或完成毕业设计；第三阶段要对实习过程中的体会及获得的经验做出总结。

（4）顶岗实习的考核评价

所有学生实习结束时必须填写实习鉴定表，认真做好实习小结，并交给实习单位指导老师；实习单位指导老师要对实习学生进行评价，根据平时考察和记录写出评语，评出成绩的等级，然后将实习鉴定表交给校内实习指导老师；校内实习指导老师要认真审查学生的实习小结和实习单位的成绩评定意见，提出自己的成绩评定意见；实习指导小组最后汇总审查学生的实习鉴定表，根据学生对实习任务的完成情况、实习单位意见和校内外实习指导老师的成绩评定等级，最后综合评定学生的实习成绩。

实习成绩评定采取等级制：优秀、良好、中等、及格、不及格。毕业实习成绩不及格者不予毕业。

（三）经费保障

1. 经费投入

阜阳职业技术学院数控技术专业拥有国家财政支持的 440 万元的数控实训基地,得到省级示范院校的重点建设专业经费支持,得到国家骨干高职院校重点建设专业的支持。另外,学校有专门的经费保障,专门划出校内实习材料经费、兼职教师指导经费、校外实习车费和学生实习保险经费等,保障教学能正常开展。学校在校外实训基地安排了一定的资金,主要用于实训基地的教学场所建设。

2. 经费管理

经费管理和使用,按阜阳职业技术学院有关财务制度规定执行。

五、其他说明

（1）指导性教学安排。根据课程之间的内在联系,设置 SP - CDIO 项目,遵照教学规律和循序渐进认知原则,将各门课程按一定的时间和空间合理地排列组合,形成有机的课程体系。执行中要根据实际需要和 SP - CDIO 项目进展及时安排综合实践课程,包括专业见习、顶岗实习等。

指导性教学安排作为数控技术专业教学实施方案,为适应行业、企业的实际需要和学校本课程开发应用,可以适当微调。

（2）课程安排以及考核形式必须与时俱进,体现 SP - CDIO 项目的优越性,适应新一轮的人才培养方案,达到实际效果。

（3）参加技能大赛的学生,可根据大赛成绩及阜阳职业技术学院相关规定折合为相应加分。

（4）其他未尽事宜,遵照阜阳职业技术学院相关规章制度和校企合作制度执行。

第四部分 数控技术专业核心课程标准

一、"数控车床编程与操作"课程标准

课程编码：B033104	课程名称：数控车床编程与操作
课程类别：B	课程属类：职业核心技术
计划理论课时：40	计划实践课时：35
教学组织：教学做一体化教学	适用专业：数控技术（轴承方向）
先修课程：机械识图与制图、普通机床零件加工、机械工程材料与热处理	
后继课程：技能强化综合训练、职业技能鉴定的综合实训、生产性实训、顶岗实习、毕业设计	
职业资格：数控车床中、高级工	
课程部门：机电工程系	
制订：数控机床课程开发团队	批准人：杨辉
团队负责人：万海鑫	

（一）课程定位和课程设计

1. 课程性质与作用

本课程是数控技术专业的数控机床编程与操作的核心课程。通过本课程学习，要求学生具备数控车削零件加工工艺设计和工艺分析、数控编程与操作的能力，并掌握相应的数控编程知识。本课程以数控车削零件加工为核心，以国家社会与劳动部颁发的中级数控车工考核要求为依据，并将要求贯穿到各个教学项目中，学生完成本课程学习即可获得中级数控车工证书。

通过 SP-CDIO 项目的训练，培养学生相应的方法能力、社会能力、相互沟通和团队合作的能力。

2. 课程基本理念

按照"面向企业，项目递进"的课程体系要求，以能力为本位，以职业实践为主线，以 SP-CDIO 项目课程为主体的模块化的总体设计，以工作任务模块为中心构建的工程项目课程内容。彻底打破传统专业课程的设计思路，紧紧围绕工作任务完成的需要来选择和组织课程内容，突出工作任务与知识的联系，让学生在职业实践活动的基础上掌握知识，增强课程内容与职业岗位能力要求的相关性，提高学生的就业能力。

SP-CDIO 学习项目选取的基本依据是该门课程涉及的工作领域和工作任务范围，但在具体设计过程中，还以机械制造与自动化类专业的典型产品为载体，使工作任务具体化，

产生了具体的学习项目。按照职业所特有的工作任务逻辑关系和认知规律,实现能力递进。

3. 课程设计思路

本课程是项目教学课程,学生通过项目构思 C、设计 D、实施 I 和运作 O 的具体任务完成,理解和掌握数控车削相关理论知识,培养学生动手能力。为便于教学并让学生掌握最基本、最典型零件的加工,本课程选择了常用的阶台类、螺纹类、含圆弧类、盘类、含曲面类等常见车削典型零件,作为项目教学的载体,以实现项目教学的目标。教学环节包括以下五个方面:

(1)项目分析。针对每个教学项目,分析项目所应用的实际环境、项目教学的目的、项目所涉及的知识和应掌握的能力。

(2)课堂理论讲解。结合项目,利用项目(实物、情境或多媒体课件)具体讲解项目涉及的理论知识。理论知识的讲解要求理论结合实际,不求知识的系统性和完整性,重原理的实用性。

(3)课堂模仿操作。每个项目应该有学生的模仿操作,让学生体验和掌握,使教、学、练有机结合。

(4)学生课内实践。根据课堂所教内容和项目要求,设计类似项目,让学生练习。

(5)综合项目实训。在每个教学项目模块完成后,设计一个运用本模块项目所涉及的知识和技能的综合项目,让学生独立完成项目要求。

(二)课程目标

本课程使学生具备数控车床加工基础知识及相关技能,理解数控车床加工的基本理论和基本内容;具备数控车床中、高级工等级水平,具备应用数控加工车床加工轴承套圈、模具零件等典型零件的初步技能和相关的职业素养。

1. 知识目标

(1)了解数控车床加工的基本概念、基本内容及加工特点;

(2)初步理解数控车床的用途、组成和工作原理;

(3)基本掌握数控车削加工工艺基本知识;

(4)理解数控机床编程的常用系统,相关系统的区别、联系和编程特点;

(5)会利用 FANUC 系统数控车床的编程,利用仿真软件在数控车床进行零件的加工;

(6)掌握 SP - CDIO 项目实施的过程和要求。

2. 能力目标

(1)具备选择和使用数控加工常用的各类刀具、夹具技能;

(2)掌握数控加工的基本理论,并用来指导数控加工和操作;

(3)熟悉数控车床仿真软件的使用并能对所编程序进行模拟加工;

(4)掌握数控车床的编程基本原理及编程方法;

(5)掌握数控车床的基本操作和日常维护保养;

(6)具有质量意识、安全意识及责任意识。

3. 素质目标

(1)具有沟通能力;

(2)具有组织协调能力;

(3)具有自学能力;

(4)具有语言表达能力和组织汇报能力。

（三）课程内容与要求

1. 课程内容

学习情境		子情境	参考学时
情境名称	情境描述		
情境一：数控机床加工基础	数控车床的组成、分类、特点	1. 熟悉数控机床的基本结构； 2. 熟悉数控机床组成； 3. 数控机床的操作步骤	5
情境二：轴承座零件车削加工工艺分析	1. 数控车床加工工艺的基本特点； 2. 数控车削加工工艺分析的主要内容，拟定数控车削加工工艺路线； 3. 数控车削加工中工件定位与加紧方案的确定、刀具的选择等知识； 4. 数控车削加工中粗、精加工时切削用量	1. 选择并确定数控车削加工内容； 2. 拟定数控车削加工工艺路线和切削用量	8
情境三：阶台轴的工艺设计、编程和加工	1. 阶台轴类零件的结构特点、加工工艺特点和工艺性能，正确分析阶台轴类零件的加工工艺； 2. 了解数控系统的基本指令，正确编制阶台轴类零件的数控加工程序； 3. 能正确使用仿真软件，校验编写的零件数控加工程序，虚拟加工零件	1. 分析阶台轴类零件的工艺性能； 2. 正确选择设备、刀具、夹具与切削用量； 3. 编制数控加工工艺卡； 4. 编制数控程序	12
情境四：含圆弧曲面零件的工艺设计、编程与加工	1. 圆弧切点坐标计算方法； 2. 理解和应用圆弧插补指令和刀尖圆弧半径补偿指令； 3. 复合指令的适用范围及编程规则	1. 圆弧面的加工； 2. 指令的编程技巧	12
情境五：螺纹轴的加工工艺设计、编程与加工	1. 含圆柱面、圆锥面、沟槽和螺纹要素复杂轴类零件结构特点和工艺特点； 2. 正确分析此类零件的加工工艺； 3. 了解数控车削加工螺纹的工艺知识和编程指令； 4. 复合循环指令编程格式与应用	1. 数控车一般指令的使用方法； 2. 螺纹加工	8
情境六：盘类零件的工艺设计、编程与加工	1. 盘类零件的结构特点和加工工艺特点，正确分析盘类零件的加工工艺； 2. 盘类零件的工艺编制方法； 3. 端面车削固定循环指令、复合指令的编程格式及运用，掌握盘类零件的手工编程方法	1. 分析盘类零件的工艺性能； 2. 完成盘类零件的加工	6

学习情境		子情境	参考学时
情境名称	情境描述		
情境七：含曲面类零件的工艺设计、编程与加工	1. 宏程序应用范围和变量的概念； 2. 转移和循环语句； 3. 用户宏指令编程的方法和宏指令编程技巧	1. 非圆曲线轮廓零件加工； 2. 数控车床加工非圆曲线类零件的步骤和工艺	14
情境八：配合套件的工艺设计、编程与加工	1. 配合件的车削加工方法； 2. 尺寸精度、形状位置工差和表面粗糙度的综合控制方法,保证配合精度； 3. 懂得配合件的车削工艺、加工质量的分析和编程方法	1. 提高综合控制尺寸精度；提高形位精度和配合； 2. 间隙的技能； 3. 按装配图的技术要求完成套件的加工与装配	10

2. 学习情境规划和学习情境设计

【学习情境一描述】

学习情境名称	数控机床加工基础		学时数	5
学习目标	1. 认识数控机床基本结构； 2. 掌握数控机床操作； 3. 熟悉数控机床的加工原理			

学习内容	教学方法和建议
学习数控车床及数控系统,使学生对数控车床建立初步概念。 1. 数控机床的组成与原理、分类和其主要技术参数； 2. 数控机床的安全操作知识与文明生产的要求； 3. 讲述数控车床系统及编程特点； 4. 演示零件加工的步骤； 5. 讨论并熟悉数控车床	1. SP‑CDIO 项目的任务教学法、案例教学法、项目教学法、讲授法、小组讨论法、提问引导法； 2. 对数控车床组成、分类和安全操作规程以及安全文明生产制度考察与讨论,教师给出评价与小结

工具与媒体	学生已有基础	教师所需要的执教能力
数控车床、多媒体课件、刀具、量具、机床保养工具	公差配合,机械制图,机械工程材料,金工实习等	1. 具有 SP‑CDIO 构思、设计、实施、运作等处理能力； 2. 充分掌握数控车床的组成、分类、特点； 3. 数控车床操作规程和安全文明生产制度； 4. 数控车床日常保养步骤

【学习情境二描述】

学习情境名称	轴承座零件车削加工工艺分析	学时数	8
学习目标	1. 了解数控车削加工工艺； 2. 掌握制订工艺方案的方法； 3. 掌握数控车床加工的方法； 4. 具备精度尺寸的概念		

学习内容	教学方法和建议
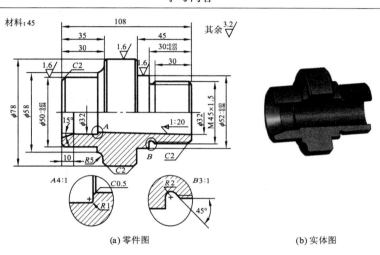 (a) 零件图　　　　(b) 实体图 1. 阅读项目任务书，阅读引导文案，查阅相关学习资料； 2. 分组讨论零件资讯图工艺信息； 3. 讨论轴承座零件加工工艺路线； 4. 确定工件定位与加紧方案、选择刀具等； 5. 数控车削加工中粗、精加工切削用量的设定方法，制定轴承座零件的工艺方案	1. SP－CDIO 模式的任务教学法、案例教学法、项目教学法、讲授法、小组讨论法、提问引导法、旋转木马法； 2. 对制定项目工艺方案，进行自评、互评，教师讲解点评或小结

工具与媒体	学生已有基础	教师所需要的执教能力
数控车床、多媒体课件、刀具、量具、机床保养工具	公差配合，机械制图，机械工程材料，金工实习等	1. 具有 SP－CDIO 构思、设计、实施、运作等处理能力； 2. 掌控车削加工工艺分析，拟定加工工艺路线； 3. 工件定位与夹紧方案的确定、刀具选择等能力； 4. 数控车削加工中粗、精加工时切削用量

【学习情景三描述】

学习情境名称	阶台轴的工艺设计、编程和加工	学时数	12
学习目标	1. 培养轴类零件加工工艺的分析能力； 2. 培养学生数控编程的方法； 3. 提高车削加工的能力； 4. 掌握精度和粗糙度控制方法		

学习内容	教学方法和建议
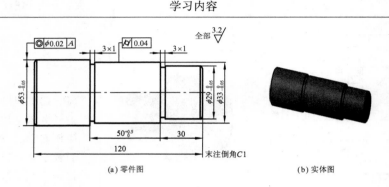 (a) 零件图　　　　(b) 实体图 1. 阅读任务书，分析零件图，查看备料单、毛坯，查阅学习资料；分组讨论零件图工艺信息，零件图工艺信息分析卡片； 2. 确定零件加工顺序卡片，工艺装备，零件加工刀具卡片，切削用量，切削用量卡片，零件加工走刀路线图，零件数控车床加工程序； 3. 虚拟仿真操作加工，编写程序清单卡，在数控车床上输入加工程序并进行校验； 4. 检查加工前准备； 5. 实际加工，修改零件加工程序	1. SP-CDIO 模式的任务教学法、讲授法、课堂讨论法、案例教学法； 2. 对零件进行检测，在零件质量检测结果，报告单上填写学生自己检测结果，小组学生互相检查、点评

工具与媒体	学生已有基础	教师所需要的执教能力
数控车床、多媒体课件、刀具、量具、机床保养工具	公差配合，机械制图，机械工程材料，金工实习等	1. 具有 SP-CDIO 构思、设计、实施、运作等处理能力； 2. 掌握数控系统的基本指令； 3. 正确编制阶台轴类零件的数控加工程序； 4. 能正确使用数控系统仿真软件，校验编写的零件数控加工程序，并虚拟加工零件

【学习情景四描述】

学习情境名称	含圆弧曲面零件的工艺设计、编程与加工	学时数	12
学习目标	1. 培养学生对圆弧曲面零件工艺的分析能力； 2. 培养学生数控车削编程的能力； 3. 提高数控车床的加工技能； 4. 培养产品质量意识		

学习内容	教学方法和建议
 (a) 零件图　　　　　　　　　(b) 实体图 1. 阅读项目任务书，分析零件图，查看备料单、毛坯，查阅学习资料，分组讨论零件图工艺，填写工艺卡； 2. 确定零件加工顺序卡片，工艺装备，零件加工刀具卡片，切削用量，填写切削用量卡片，走刀路线图，编写加工程序； 3. 虚拟仿真操作加工，输入加工程序并进行校验； 4. 检查实际操作加工前准备； 5. 实际加工操作； 6. 修改零件加工程序	1. SP－CDIO 模式的任务教学法、讲授法、课堂讨论法、案例教学法； 2. 对零件进行检测在零件质量检测结果报告单上填写学生自己检测结果，小组学生互相检查、点评

工具与媒体	学生已有基础	教师所需要的执教能力
数控车床、多媒体课件、刀具、量具、机床保养工具	公差配合，机械制图，机械工程材料，金工实习等	1. 具有 SP－CDIO 构思、设计、实施、运作等处理能力； 2. 理解和应用圆弧插补指令和刀尖圆弧半径补偿指令； 3. 掌握复合指令的适用范围及编程规则

【学习情境五描述】

学习情境名称	螺纹轴的加工工艺设计、编程与加工	学时数	8
学习目标	1. 培养螺纹轴零件工艺的分析能力； 2. 培养数控车削编程的能力； 3. 提高数控车床的操作技能； 4. 培养产品质量意识和安全意识		

学习内容	教学方法和建议
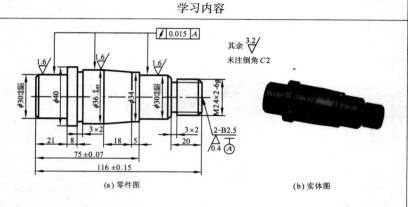 (a) 零件图　　　　　(b) 实体图 1. 阅读项目任务书，分析零件图，查看备料单、毛坯，查阅资料，分组讨论零件图工艺方案，填写工艺卡； 2. 确定零件加工顺序卡片，工艺装备，零件加工刀具卡片，切削用量，切削用量卡片，零件加工走刀路线图，零件数控车床加工程序； 3. 虚拟仿真操作加工，程序清单卡片，输入加工程序并进行校验，检查实际操作加工前准备； 4. 实际操作加工，修改零件加工工艺规程卡片； 5. 小组互评； 6. 项目汇报演讲	1. SP‑CDIO 模式的任务教学法、讲授法、课堂讨论法、案例教学法； 2. 对零件进行检测，在零件质量检测结果报告单上填写学生自己检测结果，小组学生互相检查、点评

工具与媒体	学生已有基础	教师所需要的执教能力
数控车床、多媒体课件、刀具、量具、机床保养工具	公差配合，机械制图，机械工程材料，金工实习等	1. 掌握圆柱面、圆锥面等复杂轴类零件结构特点和工艺特点； 2. 零件的加工工艺编制能力； 3. 数控车削加工螺纹的工艺知识和编程指令； 4. 具有 SP‑CDIO 构思、设计、实施、运作等处理能力

【学习情境六描述】

学习情境名称	盘类零件的工艺设计、编程与加工	学时数	6
学习目标	1. 培养对盘类零件工艺的分析能力； 2. 培养数控车削编程的能力； 3. 提高数控车床的操作技能； 4. 提高产品质量意识和生产安全意识； 5. 培养职业素养		

学习内容	教学方法和建议
 (a) 零件图　　　　　　(b) 实体图 技术要求： 1. 未注倒角1×45°，锐角倒钝0.5×45° 2. 未注公差尺寸按GB1804-M。 1. 阅读项目任务书，分析零件图，查看备料单、毛坯，查阅资料；分组讨论零件图工艺信息，填写零件图工艺信息分析卡片； 2. 确定零件加工顺序卡片，工艺装备，零件加工刀具卡片，切削用量，切削用量卡片，零件加工走刀路线图，零件数控车床加工程序； 3. 虚拟仿真操作加工，程序清单卡片，输入加工程序并进行校验，检查实际操作加工前准备； 4. 实际操作加工，修改零件加工工艺规程卡片； 5. 小组互评； 6. 项目汇报演讲	1. SP－CDIO 模式的任务教学法、讲授法、课堂讨论法、案例教学法； 2. 对零件进行检测，在零件质量检测结果报告单上填写学生自己检测结果，小组学生互相检查、点评

工具与媒体	学生已有基础	教师所需要的执教能力
数控车床、多媒体课件、刀具、量具、机床保养工具	公差配合，机械制图，机械工程材料，金工实习等	1. 盘类零件的结构特点和加工工艺特点，分析盘类零件的加工工艺； 2. 具有 SP－CDIO 构思、设计、实施、运作等处理能力； 3. 端面车削固定循环指令、复合指令的编程格式及运用； 4. 掌握盘类零件的手工编程及加工方法

【学习情境七描述】

学习情境名称	含曲面类零件的工艺设计、编程与加工	学时数	14
学习目标	1. 培养曲面类零件工艺的分析能力； 2. 培养数控车削编程的能力； 3. 提高数控车床操作技能； 4. 培养产品质量意识和生产安全意识； 5. 培养效率观念和职业素养		

学习内容	教学方法和建议
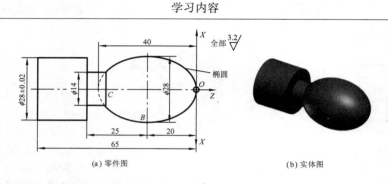 (a) 零件图　　　　　(b) 实体图 1. 阅读项目任务书，分析零件图，查看备料单、毛坯，查阅资料； 2. 分组讨论零件图工艺方案，零件图工艺卡； 3. 确定零件加工顺序卡片，工艺装备，零件加工刀具卡片，切削用量，填写切削用量卡片，零件加工走刀路线图，零件数控车床加工程序； 4. 虚拟仿真操作加工，输入加工程序并进行校验； 5. 实际操作加工，修改零件加工工艺规程卡片； 6. 小组互评； 7. 项目汇报演讲	1. SP－CDIO 模式的任务教学法、讲授法、课堂讨论法、案例教学法； 2. 对零件进行检测，在零件质量检测结果报告单上填写学生自己检测结果，小组学生互相检查、点评； 3. 小组代表汇报演讲

工具与媒体	学生已有基础	教师所需要的执教能力
数控车床、多媒体课件、刀具、量具、机床保养工具	公差配合，机械制图，机械工程材料，金工实习等	1. 具有 SP－CDIO 构思、设计、实施、运作等处理能力； 2. 熟悉转移和循环语句； 3. 用户宏指令编程的方法和宏指令编程技巧； 4. SP－CDIO 项目内容设计能力

【学习情境八描述】

学习情境名称	配合套件的工艺设计、编程与加工	学时数	10
学习目标	1. 培养配合套件类零件工艺的分析能力； 2. 提高学生数控车削编程的能力； 3. 提高项目的实施能力； 4. 培养产品质量意识和安全意识； 5. 全面提高综合素养		

学习内容	教学方法和建议
  1. 阅读项目任务书，分析零件图，查看备料单、毛坯，查阅资料； 2. 分组讨论零件图工艺信息，零件图工艺信息分析卡片； 3. 确定零件加工顺序卡片，工艺装备，零件加工刀具卡片，切削用量，切削用量卡片，零件加工走刀路线图，零件数控车床加工程序； 4. 虚拟仿真操作加工，填写程序清单卡片； 5. 在数控车床上输入加工程序并进行校验，检查实际操作加工前准备； 6. 实际操作加工，修改零件加工工艺规程卡片； 7. 小组互评； 8. 小组代表汇报演讲	1. SP‑CDIO 模式的任务教学法、讲授法、课堂讨论法、案例教学法； 2. 对零件进行检测，在零件质量检测结果报告单上填写学生自己检测结果小组学生互相检查、点评； 3. 小组代表汇报演讲

工具与媒体	学生已有基础	教师所需要的执教能力
数控车床、多媒体课件、刀具、量具、机床保养工具	公差配合，机械制图，机械工程材料，金工实习等	1. 具有 SP‑CDIO 构思、设计、实施、运作等处理能力； 2. 尺寸精度、形状位置工差和表面粗糙度的综合控制方法，保证配合精度； 3. 配合件的车削工艺、加工质量的分析和编程方法； 4. 项目实施掌控能力

(四) 课程实施

1. 教材选用或编写

（1）推荐教材：

杨辉. 数控车床编程与操作［M］. 合肥：合肥工业大学出版社,2007.

（2）教学参考资料：

赵太平. 数控车削编程与加工技术［M］. 北京理工大学出版社，2006.

袁峰. 数控车床培训教程［M］. 北京：机械工业出版社，2004.

谢晓红. 数控车削编程与加工技术［M］. 北京：电子工业出版社，2005.

沈建峰. 数控车床编程与操作实训［M］. 北京：国防工业出版社，2005.

（3）教材编写：

已经编写《数控车床实训指导与实习报告》，计划编写《数控车床编程与操作》。

2. 教学方法建议

（1）采用 SP - CDIO 模式，突出项目教学；教学中提倡多种教学方法有机结合，理论实践互相渗透。建议采用理论与实践一体化的教学模式和行动导向的教学方法。

（2）为保证教学效果，学生宜采用 3～5 人分组协作的组织形式。

（3）教师在讲授或演示教学中，尽量使用多媒体教学设备，配备丰富的课件、网络等教学辅助设备。

（4）可先在计算机上采用仿真加工等方式讲解加工案例，随后在生产型数控机床上完成零件数控加工过程，在加工时，注意强化测量工具的使用，还要注重加工工作过程及行为的规范性训练。

（5）知识掌握过程中既有能力的训练，也有方法的了解与运用，更有态度、情感和价值观的体验与培养，使学生在体验中重组自己的知识结构和能力结构。

3. 教学评价、考核要求（表 4.1～表 4.4）

表 4.1　数控车床操作技能考核总成绩表

序号	项目名称	配分	得分	备注
1	现场操作规范	10		
2	工序制定及编程	40		
3	工件质量	50		
合计		100		

表 4.2　现场操作规范评分表

序号	项目	考核内容	配分	考场表现	得分
1		工具的正确使用	2		
2	现场操作规范	量具的正确使用	2		
3		刀具的合理使用	2		
4		设备正确操作和维护保养	4		
合计			10		

表 4.3　工序制定及编程评分表

序号	项目	考核内容	配分	考场表现	得分
1	工序制定	工序制定合理，选择刀具正确	10		

续表

序号	项目	考核内容	配分	考场表现	得分
2	指令运用	指令应用合理、得当、正确	15		
3	程序格式	程序格式正确,符合工艺要求	15		
	合计		40		

表 4.4　机试考核标准

序号	项目	考核内容	配分	考场表现	得分
1	外圆	48	4		
2	圆弧	R67.5	3		
3	长度	48	4		
4	圆角	R1、R2	2		
5	螺纹	M30 X1.5	4		
		……			
	合计		50		

4. 课程资源开发与利用

学习资料资源:企业案例任务书。

信息化教学资源:网络课程、多媒体素材、教学平台。

课程资源的利用:项目任务书用于项目指导,SP－CDIO 学习网和数控编程与操作精品课程网可以用于学生在线自学,教学平台用于在线学习、在线考试、在线讨论、在线练习、在线提交作业等。

（五）其他说明

(1) 课程使用 SP－CDIO 教学模式,课程开始前,校内教师会同企业教师共同制作项目任务书;课程进行中,校内教师根据任务书准备材料和工具,学生根据任务书自己设计作品并且制作出来,以达到教学目的;

(2) 课程设计的项目与配套的实训设备有一定的出入,实训项目需按企业、实训室、社会需求情况适当调整;

(3) 课程 SP－CDIO 项目设计时的内容选择有待修订、改进、完善,逐步实现与实际生产接轨;

(4) 课程设计需与时俱进,以符合企业、社会需求;

(5) 学生基础:应具备基本钳工、机械识图与制图、机械技术基础等相关知识;

(6) 教师能力:SP－CDIO 项目的设计与实施监控能力。

要定期分析岗位和职业能力的变化和新要求,从实际的行业需求中不断调整课程目标,围绕职业能力调整课程内容,及时修改课程标准。

二、"数控车床操作实训"课程标准

课程编码：B 134101	课程名称：数控车床操作实训
课程类别：B	课程属类：独立实践
计划理论课时：6	计划实践课时：54
教学组织：项目实践	适用专业：数控技术（轴承方向）
先修课程：机械识图与制图、普通机床零件加工、机械工程材料与热处理、数控车床编程与操作	
后继课程：职业技能鉴定的综合实训、生产性实训、顶岗实习、毕业设计	
职业资格：数控车床中高级工	
课程部门：机电工程系	
制订：数控机床课程开发团队	批准人：杨辉
团队负责人：刘青山	

（一）课程定位和课程设计

1. 课程性质与作用

课程性质："数控车削加工操作实训"课程是数控技术专业的一门加工操作实践课程。在此之前，学生进行了"车削加工操作实训"、"机械制图"、"机械设计"、"零部件的精度检测"、"普通机床的零件加工"、"数控车削编程与加工"等课程的学习，获得了单一的或具有一定综合性能的技能训练和相关知识储备。通过本课程的学习，学生具备中等复杂回转类零件及组合件图纸的工艺性分析能力；数控车削加工工艺设计；程序手工编制；数控车削刀具的选择及安装；车削加工工件装夹与对刀操作；零件的数控车削加工；零件的精度检测及合格性判断；数控车床的维护与保养；机床安全操作规程及文明生产等基本知识与技能。

课程作用：实际工作岗位是综合的、复杂的，不仅要有专业知识和能力的要求，还有个人能力和社会能力的要求，学生在校期间需要进行综合的、贴近真实工作岗位任务的完整工作过程训练。数控车削加工操作实训是为数控技术专业轴承方向学生职业能力的综合训练而设置的，是学生走上工作岗位前不可缺少的课程。

2. 课程基本理念

在教学理念上坚持"教学做"一体化的教学原则，注重学生基本职业技能与职业素养的培养，将岗位素质教育和技能培养有机地结合。同时，面临新技术的飞速发展，课程中增加了知识拓展内容，既增强课程的适用性，使课程的教学更加方便、灵活，又提高学生对新技术的适应性。通过实习，学生可以获得中级数控车工所需的理论知识，如数控车床的结构、传动原理、编程、切削用量选择等理论知识；使学生正确操作数控车床，掌握基本的车削操作技能。

3. 课程设计思路

本课程是以数控技术专业轴承方向工作任务与职业能力分析数控车削加工操作实训工

作项目设置的。其总体思路是,以数控车加工实际工作过程为导向,以企业对数控车加工人员岗位工作任务与职业能力培养企业急需数控加工人员;以典型零件的加工为载体,有机地融入理论知识与操作技能,教学内容设计成任务化项目,形成"课堂与车间、实训与生产"产学一体的工学结合课程教学模式;教学效果评价采取过程评价与结果评价相结合的方式,通过理论与实践相结合,重点评价学生的职业能力。根据企业数控车加工岗位对职业技能的要求,参照企业真实产品生产过程,设置常见的数控车典型的零件加工任务模块,编制其加工工艺路线及加工程序,通过正确使用、维护、调试数控车床,运用数控车床、量具、刀具等对零件进行加工制作。同时,在训练中结合企业管理、质量管理、安全管理,全面培养学生的职业技能和职业意识。

(二) 课程目标

数控车削加工操作实训课程面向数控机床操作、数控机床加工工艺设计、数控程序编制工作岗位,培养学生"做人与做事"的职业能力。根据数控技术专业学生从业岗位和工作任务分析,学生独立地完成本岗位工作任务需要具备专业的技能和知识,同时由于数控技术本身的不断更新和新问题的层出不穷,以及工作过程中的分工与协作,还要求学生具备工作方法能力、学习能力和团队合作能力,这些能力的培养构建了课程培养目标。具体来说,"数控车削加工操作实训"课程完成以下职业能力培养目标:

1. 知识目标

(1) 零件加工精度项目标注与阅读;

(2) 了解金属切削过程基础知识,掌握常用刀具的类型、性能及选用方法,合理选择工艺参数的基础知识;

(3) 生产组织、调度、管理及生产过程评价;

(4) 借助所学习的知识和参考资料,能够举一反三,解决生产过程中遇到的实际问题。

2. 能力目标

(1) 具备识图能力及编制车削类零件的数控车床加工工艺文件的能力;

(2) 能够正确操作数控车床进行零件加工,正确选用工艺参数,控制尺寸精度,调试及修改程序,进行程序的综合编辑,运用设备、工具、量具完成零件的加工;

(3) 能够依据工艺文件和要求能够对零件进行检测;

(4) 能正确选择加工方法;

(5) 能进行设备维护与保养,并判断基本故障与排除;

(6) 能够对工具书、参考资料、产品样本等使用和查阅。

3. 素质目标

(1) 学习中渗透职业道德和职业素质的培养,要求学生遵纪守法;

(2) 通过小组合作的方式,培养学生与人沟通的能力及团队意识;

(3) 在学生进行零件加工过程中,注重培养学生创造性思维,使学生具有创新精神;

(4) 在学生学习过程中,注重培养学生的学习兴趣,培养学生的自信心,使学生逐渐具有抗挫折的能力。

（三）课程内容与要求

1. 课程内容

学习情境		子情境	参考学时
情境名称	情境描述		
情境一：设备认知、安全教育	安全文明生产、数控机床编程与操作基础	1. 安全文明生产内容； 2. 认识数控机床操作面板； 3. 数控车床的手动操作； 4. 数控程序的输入与编辑； 5. 对刀及坐标系的建立； 6. 数控车床的装刀与对刀	5
情境二：数控编程的基本知识	外圆、端面、台阶、圆锥面的编程与加工	1. 掌握常用指令加工外圆、端面、阶台、圆锥的编程方法； 2. 掌握圆锥面的参数及计算方法； 3. 掌握数控车床刀尖方位的确定及刀具补偿参数的设定方法； 4. 外圆加工刀具的选用、安装及对刀； 5. 切削用量参数的选择、坐标系的建立及刀补设置； 6. 数控程序的输入、编辑与效验； 7. 数控机床的自动运行加工及测量	15
情境三：数控车削异形面的编程	车削圆弧面、球面、车槽与切断	1. 掌握圆弧加工指令的应用； 2. 掌握圆弧加工工艺及编程方法； 3. 掌握正确选择圆弧加工刀具及设定刀具半径补偿的方法； 4. 掌握外圆槽与工件切断的加工工艺； 5. 掌握外圆槽与工件切断的编程方法； 6. 掌握外圆槽刀的选用与刃磨方法	20
情境四：工件内孔及其螺纹编程	车削螺纹、车削台阶孔与内沟槽	1. 掌握普通螺纹的数控加工工艺； 2. 掌握螺纹加工指令的格式及应用； 3. 了解普通螺纹的测量量具和测量方法； 4. 了解孔加工的常用刀具及使用； 5. 掌握直通孔、台阶孔及内沟槽的加工工艺； 6. 内轮廓加工方法的选择	10
情境五：配合件的加工和编程	组合图形的车削（图在题库）	1. 熟练掌握各种复杂外形轮廓综合零件的工艺分析、编程方法； 2. 掌握常用数控加工工艺文件的内容、编制方法； 3. 掌握内、外成形面的编程与加工中的刀具干涉的处理、质量控制等知识	10

2. 学习情境规划和学习情境设计

【学习情境一描述】

学习情境名称	设备认知、安全教育		学时数	5
学习目标	1. 熟悉数控车床安全操作规程，认识数控机床操作面板； 2. 数控车床的手动操作； 3. 数控程序的输入与编辑； 4. 对刀及坐标系的建立，数控车床的装刀与对刀			

学习内容	教学方法和建议
1. 数控车间安全操作规程； 2. FANUC 0i 系统数控车床面板的认识； 3. 程序的输入与编辑方法； 4. 数控机床机械坐标系的建立； 5. 数控机床回参考点的作用； 6. 如何建立工件坐标系； 7. 怎样进行数控机床的对刀	1. 现场教学法； 2. 分组教学法； 3. 教师现场指导； 4. 教师现场讲解法

工具与媒体	学生已有基础	教师所需要的执教能力
数控车床、刀具、量具、毛坯、粉笔、多媒体等工具	公差配合与测量技术，机械制图，机械工程材料，金工实习，数控机床仿真操作，数控车床编程与操作，机床与刀具等	1. 熟知数控车间安全规程； 2. 熟知数控车床操作； 3. 熟知数控车床的编程

【学习情境二描述】

学习情境名称	数控编程的基本知识		学时数	15
学习目标	1. 掌握常用指令加工外圆、端面、阶台圆锥的编程方法； 2. 掌握圆锥面的参数及计算方法； 3. 掌握数控车床刀尖方位的确定及刀具补偿参数的设定方法； 4. 外圆加工刀具的选用、安装及对刀； 5. 切削用量参数的选择、坐标系的建立及刀补设置； 6. 数控程序的输入、编辑与效验； 7. 数控机床的自动运行加工及测量			

学习内容	教学方法和建议
1. 学会运用 G00/G01/G90/G94 等代码的编程； 2. 数控机床刀位点的运用及其相应的数字； 3. 学会运用辅助功能的 M 代码的编程； 4. 刀具半径补偿和刀具长度补偿的运用； 5. 数控编程时的节点的计算方法； 6. 加工不同零件的刀具的选择； 7. 刀具切削用量的选择； 8. 自动编程与手工编程的方法； 9. 学习内容图纸从题库中选择	1. 现场教学法； 2. 分组教学法； 3. 教师现场指导； 4. 教师现场讲解法； 5. 理论与实践相结合

工具与媒体	学生已有基础	教师所需要的执教能力
数控车床、刀具、量具、毛坯、计算机、图纸、游标卡尺等工具	公差配合与测量技术,机械制图,机械工程材料,金工实习,数控机床仿真操作,数控车床编程与操作,机床与刀具等	1. 熟知数控车床的传动原理; 2. 熟知数控车床操作; 3. 熟知数控车床的编程

【学习情境三描述】

学习情境名称	数控车削异形面的编程	学时数	20
学习目标	1. 掌握圆弧加工指令的应用; 2. 掌握圆弧加工工艺及编程方法; 3. 掌握正确选择圆弧加工刀具及设定刀具半径补偿的方法; 4. 掌握外圆槽与工件切断的加工工艺; 5. 掌握外圆槽与工件切断的编程方法; 6. 掌握外圆槽刀的选用与刃磨方法		

学习内容	教学方法和建议
1. 能够运用 G02/G03/G00/G01 等代码进行编程; 2. 掌握圆弧节点的计算方法; 3. 掌握圆弧的检测方法; 4. 掌握运用数控车床切槽时刀具的对刀方法; 5. 能够合理选择切削用量; 6. 能够制定复杂零件的加工工艺; 7. 学会刃磨刀具时怎样选择砂轮; 8. 切削用量参数的选择、坐标系的建立及刀补设置; 9. 数控程序的输入、编辑与校验; 10. 数控机床的自动运行加工及测量	1. 现场教学法; 2. 分组教学法; 3. 教师现场指导、讲解; 4. 理论与实践相结合

工具与媒体	学生已有基础	教师所需要的执教能力
数控车床、刀具、量具、毛坯、计算机、图纸、游标卡尺等工具	公差配合与测量技术,机械制图,机械工程材料,金工实习,数控机床仿真操作,数控车床编程与操作,机床与刀具等	1. 熟知数控车床的传动原理; 2. 熟知数控车床操作; 3. 熟知数控车床的编程

【学习情境四描述】

学习情境名称	工件内孔及其螺纹编程		学时数	10
学习目标	1. 掌握普通螺纹的数控加工工艺； 2. 掌握螺纹加工指令的格式及应用； 3. 了解普通螺纹的测量量具和测量方法； 4. 了解孔加工的常用刀具及使用； 5. 掌握直通孔、台阶孔及内沟槽的加工工艺； 6. 内轮廓加工方法的选择			
学习内容		教学方法和建议		
1. 能够运用 G32/G92/G76 等代码进行螺纹编程； 2. 加工螺纹时刀具的选择及其螺纹牙高的计算方法； 3. 如何安装内孔刀以及内孔刀的切削用量选择； 4. 学会螺纹的检测方法； 5. 了解基孔制和基轴制的配合方法； 6. 掌握直通孔、台阶孔及内沟槽的加工工艺； 7. 学会运用复合循环 G70/G71/G72/G73/G74/G75 等指令进行编程		1. 现场教学法； 2. 分组教学法； 3. 教师现场指导、讲解； 4. 理论与实践相结合		
工具与媒体	学生已有基础	教师所需要的执教能力		
数控车床、刀具、量具、毛坯、计算机、图纸、游标卡尺、三针等工具	公差配合与测量技术，机械制图，机械工程材料，金工实习，数控机床仿真操作，数控车床编程与操作，机床与刀具等	1. 熟知数控车床加工螺纹； 2. 熟知数控车床操作； 3. 熟知数控车床的编程		

【学习情境五描述】

学习情境名称	配合件的加工和编程		学时数	10
学习目标	1. 熟练掌握各种复杂外形轮廓综合零件的工艺分析、编程方法； 2. 掌握常用数控加工工艺文件的内容、编制方法； 3. 掌握内、外成形面的编程与加工中的刀具干涉的处理、质量控制等知识； 4. 零件图纸分析、刀具的特点、切削用量参数的选择； 5. 运用数控车指令格式、含义及使用方法； 6. 零件的工艺及程序编制方法和常用编程指令、坐标系的建立及刀补设置； 7. 组合零件编程加工及测量			

续表

学习内容	教学方法和建议 10
1. 能够运用 G71/G72/G73/G74/G75 等复合循环进行编程； 2. 能够制定复杂零件的加工工艺； 3. 掌握配合件的检测方法	1. 现场教学法； 2. 分组教学法； 3. 教师现场指导； 4. 教师现场讲解法； 5. 理论与实践相结合

工具与媒体	学生已有基础	教师所需要的执教能力
数控车床、刀具、量具、毛坯、计算机、图纸、游标卡尺、三针等工具	公差配合与测量技术，机械制图，机械工程材料，金工实习，数控机床仿真操作，数控车床编程与操作，机床与刀具等	1. 熟知数控车床加工的各种代码； 2. 熟知数控车床操作； 3. 熟知数控车床的编程

（四）课程实施

1. 教材选用或编写

依据本课程标准编写教材，教材应充分体现任务引领、实践导向课程的设计思路，以任务为载体实施教学，任务选取要科学，符合该门课程的工作逻辑，能形成系列，要通过典型的企业零件加工，引入必需的理论知识，增加实践操作内容，强调实践过程中的训练，让学生在完成任务的过程中逐步提高职业能力；教材中的活动设计的内容要具体，并具有可操作性；教材内容应体现先进性、通用性、实用性，要将本专业新技术、新工艺、新设备及时地纳入教材，使教材更贴近本专业的实际需要。

2. 建议选取与行业、企业合作编写的工学结合教材

（1）广州数控设备有限公司. 华中车床数控系统使用手册.

（2）北京 FANUC 机电公司. FANUC Series 0i Mate - TC 操作说明书.

（3）杨辉. 数控加工技术与实训［M］. 合肥：合肥工业大学出版社，2007.

（4）杨辉. 数控车削编程与加工［M］. 合肥：合肥工业大学出版社，2010.

（5）韩江. 数控车工实训指导与实习报告［M］. 合肥：合肥工业大学出版社，2009.

3. 教学方法建议

从专业课程内容角度来看，"数控车削加工操作实训课程"涉及机械、控制、计算机等方面；从操作实施角度来看，涉及零件图纸分析、制定工艺、编程、加工、测量等方面；从实施过程来看，有"分析计划、决策、实施、检查、评价"等环节，实践性强，针对不同知识面、任务、环节采用不同教学方法，引导学生逐步完成工作任务。根据教学内容和实训任务的不同采用不同的教学方法：

（1）任务布置阶段：引导教学法。通过提供任务、技术文件、工作图纸及提出问题等，对学生提出工作要求和工作引导。

（2）讨论分析与决策阶段：发散、集中及分组方法。根据任务要求，小组成员设计出工作方案、提出加工生产保障要求及工作进程安排，小组讨论与答辩，最终形成小组工作方案（加工工艺）。

（3）任务实施阶段：角色扮演法。根据学生自身特点分别扮演机床操作工、工艺员、质检员、专家等角色；或分工或协同完成零件加工、产品交接等工作。

4. 教学评价、考核要求

（1）教学评价：

① 采取综合评价与多人评价相结合。不仅对学生的专业能力进行评价，同时对个人能力、社会能力进行评价。课程考核采取学生自评，学生互评，小组互评及老师点评相结合。

② 重过程评估。对学生完成工作任务的全过程进行评价，如资料检索，小组讨论，制定工艺、加工过程、报告编写。

③ 成绩体现要求有成果展示。课程考核采用等级，也要求学生进行成果展示与汇报。

④ 强调教师引导。评价标准及任务由学生以个人和小组的形式共同讨论决定，教师起引导作用。

（2）考核要求：

对学生的考核分四个部分：职业素能考核（10%）、知识考核（15%）、过程考核（70%）、实习报告（5%）。

① 职业素养考核：包括平时的出勤率、学习态度、努力的程度以及表现出来的结果；

② 知识考核：根据学生的学习内容，在实习结束前，结合具体情况设置一个实体零件的加工任务，要求学生认真完成，并根据完成情况给学生打出适当的分数；

③ 过程考核：根据学生实习过程，了解学生对机床的操作熟练程度以及掌握零件加工工艺的方法；

④ 实习报告：要求学生认真完整地填写实习报告。

5. 课程资源开发与利用

（1）组织教学。数控车削加工操作实训课程教学设计完全按照企业完成任务的方式组织教学，使学生在实践中经历"工作任务书——计划并组织生产——完成任务"完整工作过程。这种教学方式可以帮助学生树立全面的质量意识、成本意识以及效率意识，在积极探索各种有效途径完成任务需求的同时，个人职业能力得到了极大的提升。

（2）应用 PRO/E、UG、CAXA、仿真等三维造型软件。对于复杂结构零件的数控加工需要借助软件自动生成加工程序。数控技术专业有 CAD/CAM 技术实训室、CNC 仿真实训室，配置有 PRO/E、UG、CAXA 等 CAD/CAM 应用软件，可以同时容纳 100 名学生进行三维造型和自动编程操作。未来建立一个利用 CAXA 软件实施实训车间数控机床远程控制及管理的系统，届时可以实施远程生产管理，实际上现在很多企业已经采用了这种生产管理模式。

（五）其他说明

（1）目前阜阳职业技术学院数控车床实训采取 SP - CDIO 项目实践模式，结合企业的5S 管理，使学生的积极性得到很大的提高。

（2）实训基地：同时可以容纳 80 名（两个班级）学生进行数控车加工实训，可以根据实训需要选用 FANUC 系统、华中、西门子等数控系统，完全满足了本课程数控车等教学的需要。同时，阜阳轴承有限公司、阜阳中航开乐公司也是校企合作的实训基地，使实训教学与企业产品生产相互融合，提高了学生的技能水平，增强了责任意识。

（3）学生基础：应具备基本钳工、机械识图与制图、机械技术基础等相关知识和技能。

（4）教师能力：具备技师或工程师素质，熟悉加工工艺规程编制、机床操作、刀具与夹具的选择使用、零件加工质量问题的处理。

三、"数控铣床、加工中心编程与操作"课程标准

课程编码：B033105	课程名称：数控铣床、加工中心编程与操作
课程类别：B	课程属类：职业核心技术
计划理论课时：30	计划实践课时：40
教学组织：教学做一体化教学	适用专业：数控技术（轴承方向）
先修课程：机械识图与制图、普通机床零件加工、机械工程材料与热处理	
后继课程：技能强化综合训练、职业技能鉴定的综合实训、生产性实训、顶岗实习、毕业设计	
职业资格：数控铣床、加工中心中高级工	
课程部门：机电工程系	
制订：数控机床课程开发团队	批准人：杨辉
团队负责人：张宣升	

（一）课程定位和课程设计

1. 课程性质与作用

"数控铣床、加工中心编程与操作"课程是数控技术专业轴承方向的专业核心课程，是校企合作开发的基于专业技能培养和职业素养形成的 SP－CDIO 人才培养课程，是数控技术专业实践性强、面向生产现场的实用型专业课程，培养能在生产、服务第一线，从事数控铣床操作、编程、装调和维修工作，德、智、体、美全面发展，适应现代企业需要、具有职业生涯发展基础的应用型高技能专门人才。

本课程是建立在职业行动基础上，基于职业标准和工作过程开发的理实一体化的学习领域课程，属于职业学习领域课程之一。该门课程应在机械制图、金属切削机床与刀具、数控仿真课程之后开设，为后续实训课程、考工和就业打下良好基础。

2. 课程基本理念

课程开发遵循"基于专业技能培养和职业素养形成的 SP－CDIO"的现代职业教育指导思想，课程的目标是职业能力开发，课程教学内容的取舍和内容排序遵循职业性原则、课程实施行动导向的教学模式，为了行动而学习、通过行动来学习。

3. 课程设计思路

课程学习内容是由与职业岗位相关的典型工作任务构成，课程学习过程是以学生为本、教师引导、师生互动，由学生亲自动手实践完成课程每一个工作任务，充分体现职业性、实践性和开放性要求。为了更好地满足企业技术进步对高素质、高技能人才的需求，学院从岗位职业标准和人才培养模式入手，采取学院牵头、广泛调研、校企合作、反复研讨、行业论证、逐步完善制定了"数控铣床、加工中心编程与操作"课程标准。在课程标准中，按照由简到难、由单一到综合、循序渐进的原则设计学习任务。前面的任务，是让学生熟悉数控铣床、加工中心安全文明生产及操作、加工、检测全部工作过程，为后面的学习打下良好的基础。每一学习任务均采用以零件为载体，将数控铣削加工工艺、数控铣床、加工中心操作与加工、产品质量检测理论和实训有机结合，每个学习任务均按照资讯、决策、计划、实施、检查、评估"六步法"进行教学行动过程设计。

（二）课程目标

1. 知识目标

熟练操作数控铣床和加工中心，能够完成典型零件加工工艺的制定，能够完成典型零件数控铣削加工程序编制，能够完成中级工标准的零件加工。

（1）了解数控铣床、加工中心编程的基本概念、基本内容及加工特点；

（2）初步理解数控铣床、加工中心的用途、组成和工作原理；

（3）基本掌握数控铣削加工工艺基本知识；

（4）理解数控机床编程的常用系统，相关系统的区别、联系和编程特点；

（5）会利用 FANUC 系统数控铣床、加工中心的编程，利用仿真软件在数控铣床、加工中心进行零件的加工。

2. 职业技能目标

成为数控铣床、加工中心操作人员、数控铣削工艺员、数控铣削程序员，应具备以下能力：

（1）能选择和使用数控加工常用的各类刀具、夹具的技能；

（2）掌握数控加工的基本理论，并用来指导数控加工和操作；

（3）熟悉数控铣床、加工中心仿真软件的使用并能对所编程序进行模拟加工；

（4）掌握数控铣床、加工中心的编程基本原理及编程方法；

（5）掌握数控铣床、加工中心的基本操作和日常维护保养知识；

（6）具有产品质量意识和安全意识及责任意识。

3. 职业素质养目标

成为会编程操作、善维护、能管理、可提升的高技能应用型职业人才，应具备以下能力：

（1）具有团队沟通能力；

（2）具有组织协调能力；

（3）具有创新和自学能力。

（三）课程内容与要求

1. 课程内容

学习情境		子情境	参考学时
情境名称	情境描述		
情境一：平面类零件铣削加工	平面类零件的铣削方法、工艺，G00、G01、G02、G03 指令的使用方法，G41、G42 刀具半径补偿的使用方法，内轮廓下刀方法，配合件的加工	1. 平面槽铣削加工	4
		2. 外形轮廓铣削加工	4
		3. 内轮廓铣削加工	4
		4. 子程序的编制与外形轮廓铣削加工	4
		5. 组合件加工	4
情境二：孔加工固定循环指令与应用	孔加工的工艺知识，螺纹加工的注意事项，固定循环指令的使用方法	1. 钻孔、锪孔与铰孔	3
		2. 镗孔	3
		3. 攻螺	3

学习情境		子情境	参考学时
情境名称	情境描述		
情境三：坐标变换编程与应用	G15、G16、G68、G69、G50、G51 指令的使用方法	1. 极坐标与局部坐标系应用	3
		2. 比例缩放与坐标镜像应用	3
		3. 坐标旋转编程与应用	3
情景四：SP－CDIO 项目训练	综合类零件数控铣削加工工艺分析及加工方案	1. 综合训练一	10
		2. 综合训练二	7
		3. 综合训练三	7

2. 学习情境规划和学习情境设计

【学习情境一描述】

学习情境名称	平面类零件铣削加工	学时数	20

学习目标	1. 掌握 FANUC 系统单一指令的用法； 2. 掌握 FANUC 系统刀具半径补偿的使用方法； 3. 掌握平面类零件的结构特点和加工工艺特点； 4. 能够进行平面类零件的工艺分析； 5. 能够对平面类零件进行编程； 6. 能够用数控铣床进行程序的校验； 7. 能够正确装夹工件、刀具； 8. 能够进行平面类零件的加工； 9. 能够对加工的产品进行检验； 10. 能够对数控铣床操作过程中出现的问题进行分析、总结

学习内容	教学方法和建议
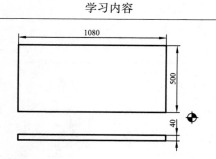 1. G00、G01、G02、G03 指令的编程； 2. G41、G42、G40 指令的编程； 3. 平面类零件程序的编制； 4. 平面类零件加工工艺； 5. 平面类零件的加工； 6. 数控铣床加工操作； 7. 零件的检测方法，各种量具的使用方法	教学方法： 1. 多媒体授课法； 2. 分组讨论法； 3. 模拟法； 4. 项目教学法 教学建议：采用 CDIO 教学模式，C(构思)阶段：搜集相关资料，并做成演示文稿汇报；D(设计)阶段：根据相关资料，设计加工方案；I(实施)阶段：根据加工方案确定加工过程并加工零件；O(运行)阶段：分析加工过程中出现的问题，提出解决方案并进行总结，最后整理成演示文稿进行汇报

工具与媒体	学生已有基础	教师所需要的执教能力
教材,多媒体课件,仿真软件,相关图片,视频,数控铣床,平口钳、压板等夹具,铣床刀具、刀柄,45♯钢毛坯	公差配合与测量技术,机械制图,机械工程材料,金工实习,数控机床仿真操作,数控车床编程与操作,机床与刀具等	1. 能够进行平面类零件的工艺分析; 2. 能够对平面类零件进行编程; 3. 能够用数控铣床进行程序的校验; 4. 能够正确装夹工件、刀具; 5. 能够进行平面类零件的加工; 6. 能够对加工的产品进行检验; 7. 教学手段和方法灵活; 8. 项目实施的组织与协调能力

【学习情境二描述】

学习情境名称	孔加工固定循环指令与应用		学时数	9
学习目标	1. 掌握 FANUC 系统孔加工指令的用法; 2. 掌握钻头的使用方法; 3. 掌握孔类零件的结构特点和加工工艺特点; 4. 能够进行孔类零件的工艺分析; 5. 能够对孔类零件进行编程; 6. 能够用数控铣床进行程序的校验; 7. 能够正确装夹工件、刀具; 8. 能够进行孔类零件的加工; 9. 能够对加工的产品进行检验; 10. 能够对数控铣床操作过程中出现的问题进行分析,总结			

学习内容	教学方法和建议
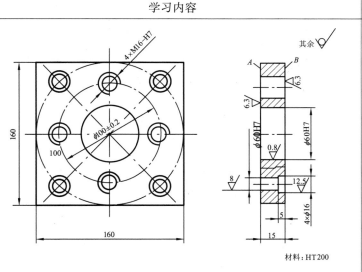 材料:HT200	教学方法: 1. 多媒体授课法; 2. 启发式提问法; 3. 现场教学法; 4. 分组讨论法; 5. 模拟法; 6. 项目教学法 教学建议: 采用 CDIO 教学模式,C(构思)阶段:搜集相关资料,并做成演示文稿汇报;D(设计)阶段:

学习内容	教学方法和建议
1. G73、G81、G83、G76 指令的编程； 2. G83、G84 指令的编程； 3. 钻头的使用方法； 4. 孔类零件程序的编制； 5. 孔类零件加工工艺； 6. 孔类零件的加工； 7. 螺纹的加工； 8. 数控铣床加工操作； 9. 零件的检测方法，各种量具的使用方法	根据相关资料，设计加工方案；I（实施）阶段：根据加工方案确定加工过程并加工零件；O（运行）阶段：分析加工过程中出现的问题，提出解决方案并进行总结，最后整理成演示文稿进行汇报

工具与媒体	学生已有基础	教师所需要的执教能力
教材，多媒体课件，仿真软件，相关图片，视频，数控铣床，平口钳、压板等夹具，铣床刀具、刀柄，45♯钢毛坯	公差配合与测量技术，机械制图，机械工程材料，金工实习，数控机床仿真操作，数控车床编程与操作，机床与刀具等	1. 能够进行孔类零件的工艺分析； 2. 能够对孔类零件进行编程； 3. 能够用数控铣床进行程序的校验； 4. 能够正确装夹工件、刀具； 5. 能够进行孔类零件的加工； 6. 能够对加工的产品进行检验； 7. 采取不同的教学手段和方法； 8. 项目实施的组织与协调能力

【学习情境三描述】

学习情境名称	坐标变换编程与应用	学时数	9
学习目标	1. 会使用极坐标与局部坐标指令进行编程； 2. 确定极坐标与局部坐标指令的使用场合； 3. 会使用子程序进行编程； 4. 会使用比例缩放与坐标镜像指令进行编程； 5. 能够确定比例缩放与坐标镜像指令的使用场合； 6. 会使用坐标旋转指令进行编程； 7. 能够确定坐标旋转指令的使用场合		

续表

学习内容	教学方法和建议

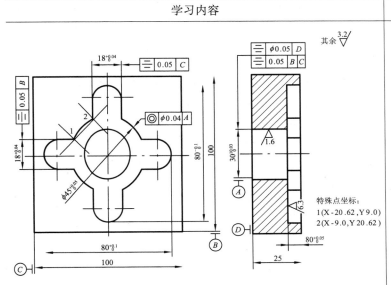

1. G50、G51、G68、G69、G52 指令的编程;

2. M98、M99 指令的编程;

3. G15、G16 指令的编程;

4. 刀具的使用方法;

5. 零件程序的编制;

6. 零件加工工艺分析;

7. 类零件的加工;

8. 数控铣床加工操作;

9. 零件的检测方法,各种量具的使用方法

教学方法:

1. 多媒体授课法;

2. 启发式提问法;

3. 现场教学法;

4. 分组讨论法;

5. 模拟法;

6. 项目教学法

教学建议:

采用 CDIO 教学模式,C(构思)阶段:搜集相关资料,并做成演示文稿汇报;D(设计)阶段:根据相关资料,设计加工方案;I(实施)阶段:根据加工方案确定加工过程并加工零件;O(运行)阶段:分析加工过程中出现的问题,提出解决方案并进行总结,最后整理成演示文稿进行汇报

工具与媒体	学生已有基础	教师所需要的执教能力
教材,多媒体课件,仿真软件,相关图片,视频,数控铣床,平口钳、压板等夹具,铣床刀具、刀柄,45 # 钢毛坯	公差配合与测量技术,机械制图,机械工程材料,金工实习,数控机床仿真操作,数控车床编程与操作,机床与刀具等	1. 掌握极坐标与局部坐标系的使用; 2. 掌握比例缩放与坐标镜像的使用; 3. 掌握坐标旋转的使用场;针对不同层次学生的教学手段和方法; 4. 项目实施的组织与协调能力

【学习情境四描述】

学习情境名称	SP‐CDIO 项目训练	学时数	34
学习目标	1. 能对综合类零件进行数控铣削加工工艺分析并制定加工方案； 2. 能正确选择该类零件数控铣削加工所用刀具、刀具材料及几何参数，并能正确使用所选刀具进行加工； 3. 能合理选择加工该类零件所用切削用量； 4. 能选择并使用相关量具对完成的零件进行质量检测； 5. 能选择、使用该类零件加工所用夹具		

学习内容	教学方法和建议
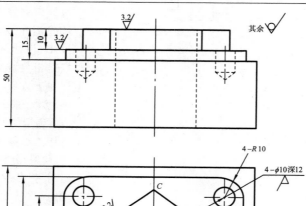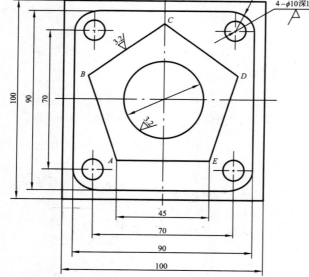 1. 刀具的使用方法； 2. 综合类零件程序的编制； 3. 综合类零件加工工艺分析； 4. 综合类零件的加工； 5. 数控铣床加工操作； 6. 零件的检测方法，各种量具的使用方法	教学方法： 1. 多媒体授课法； 2. 启发式提问法； 3. 现场教学法； 4. 分组讨论法； 5. 模拟法； 6. 项目教学法 教学建议： 采用 CDIO 教学模式，C（构思）阶段：搜集相关资料，并做成演示文稿汇报；D（设计）阶段：根据相关资料，设计加工方案；I（实施）阶段：根据加工方案确定加工过程并加工零件；O（运行）阶段：分析加工过程中出现的问题，提出解决方案并进行总结，最后整理成演示文稿进行汇报

续表

工具与媒体	学生已有基础	教师所需要的执教能力
教材,多媒体课件,仿真软件,相关图片,视频,数控铣床,平口钳、压板等夹具,铣床刀具、刀柄,45♯钢毛坯	公差配合与测量技术,机械制图,机械工程材料,金工实习,数控机床仿真操作,数控车床编程与操作,机床与刀具等	1. 编程能力; 2. 数控铣床应用能力; 3. 质量评估、误差分析; 4. 工艺制定能力; 5. 项目实施的组织与协调能力

(四) 课程实施

1. 教材选用或编写

(1) 教材选用:

宋凤敏,宋祥玲.数控铣床编程与操作[M].北京:清华大学出版社,2012.

(2) 教材编写:

① 教材充分体现任务引领、实践导向的课程设计思想。课程设置按照最新研发的机械类专业人才培养方案,并参照相关国家职业标准及有关行业的职业技能鉴定为主线,结合职业技能证书考核和企业对实际操作能力的要求,合理安排教材内容;以学生未来的发展和知识结构的要求,必需够用为度,不追求理论的深度与难度。

② 教材在内容上既实用又开放,即在注重实际操作能力训练的同时,还把新知识、新技术和新方法融入教材,教材内容更加贴近企业实际。在形式上适合高职学生认知特点,文字表达深入浅出,内容表达图文并茂。

③ 为了提高学生学习的积极性和主动性,培养学生综合职业能力,教材应根据工作任务的需要设计相应的技能训练。

2. 教学方法建议

课程学习过程工作化,以学生为主体,构建开放式的、学做合一的学习情境。以数控加工实训为目标,充分利用“教、学、做一体化”多媒体教学平台,数控编程与仿真加工实训设备和校外实践条件构建多样化学习环境。充分利用文本、课件、仿真软件、网络等资源支持学习,构建立体化学习资源。课堂学习指导教师由专兼职的双师素质教学团队构成,构建多元化学习指导。学习效果考核评价,以过程考核为主,构建产品化的考核学习评价模式。开展职业素质、人文素质教育等讲座,并将素质教育融入整个学习过程中,构建数控加工高素质人才培养理念。

教学中,应注意充分调动学生学习的主动性和积极性,注重教与学的互动,教师与学生的角色转换。教师应注意与学生沟通,教师应积极引导学生提升职业素养,培养学生积极热情、客观、诚实守信、善于沟通与合作的品质。各项技能训练活动的设计应具有实际性、可操作性。

3. 教学评价、考核要求

(1) 期末考核评价及方式:

① 评价第一方面:课程项目实施过程评价,占课程总评价的70%。

② 评价第二方面:通过理论考试评价,占课程评价的30%。

（2）教学过程评价：

① 教学评价的标准应体现任务引领型课程的特征，体现理论与实践、操作的统一，以工作任务模块为阶段评价，结合课堂提问、训练活动、阶段测验等进行综合评价。

② 强调目标与评价和理论与实践目标一体化评价，教学评价的对象包括学生知识的掌握、实践操作能力、学习态度和基本职业素质等情况，引导学生在理解的基础上进行记忆，对所要达到的目标完成情况进行评价。

③ 评价是注重学生动手能力与分析、解决问题的能力，对在学习和应用上有创新的学生应在评定时给予鼓励。

（3）课程成绩形成方式（表 4.5）：

表 4.5 课程成绩形成方式

序号	任务模块	评价目标	评价方式	评价分值（%）
1	数控铣床、加工中心安全规程教育与维护保养	知识掌握情况	单元测试	3
2	数控铣床、加工中心的认知	知识掌握情况	作业、报告	3
3	零件轮廓的铣削加工	完成任务	产品检测	15
4	孔加工固定循环指令与应用	完成任务	产品检测	15
5	坐标变换编程与应用	完成任务	产品检测	10
6	SP－CDIO 项目实施效果	完成项目任务	综合评价	24
7	期末考核	知识掌握情况	试卷测试	30

4. 课程资源开发与利用

（1）整理学习资料资源：数控铣床、加工中心实习和实训指导书；

（2）整理数控铣床、加工中心编程与操作习题库；

（3）制作信息化教学资源；

（4）制作"数控铣床、加工中心编程与操作"多媒体课件、制作"数控铣床、加工中心编程与操作"课程网站，录制教学视屏，并上传到课程网站、制作多媒体素材、电子图书等。

（五）其他说明

（1）本课程采用 SP－CDIO 教学模式进行教学，组建课程教学团队，进行团队合作。每个项目按照 CDIO 的标准实施。让学生以主动的、实践的、课程之间有机联系的方式学习工程；

（2）SP－CDIO 培养将工程毕业生的能力分为工程基础知识、个人能力、团结合作能力和工程系统能力四个层面，要求以综合的培养方式使学生在这四个层面达到预定目标；

（3）学生基础：应具备基本钳工、机械识图与制图、机械技术基础等相关知识；

（4）教师能力：技师或工程师素质，熟悉加工工艺规程编制、机床操作、刀具与夹具的选择使用、零件加工质量问题的处理；

（5）实训项目根据企业、实训室实际情况适当调整。

四、"数控铣床、加工中心操作实训"课程标准

课程编码：B 134103	课程名称：数控铣床、加工中心操作实训
课程类别：B	课程属类：独立实践
计划理论课时：6	计划实践课时：54
教学组织：项目实践	适用专业：数控技术（轴承方向）
先修课程：机械识图与制图、普通机床零件加工、机械工程材料与热处理、数控铣床、加工中心编程与操作	
后继课程：职业技能鉴定的综合实训、生产性实训、顶岗实习、毕业设计	
职业资格：数控铣床、加工中心中高级工	
课程部门：机电工程系	
制订：数控机床课程开发团队	批准人：杨辉
团队负责人：戴永明	

（一）课程定位和课程设计

1. 课程性质与作用

数控铣床、加工中心操作实训是数控技术专业的专业必修课，是一门理论实践一体化课程，是校企合作开发的基于专业技能培养和职业素养形成的 SP‐CDIO 人才培养课程，是一门实践性很强的、面向生产现场的实用型专业课程。

通过典型工作任务的完成，强化学生的实际操作技能，培养学生分析问题、解决问题的能力以及从事数控加工的职业能力，为增强适应职业变化的能力和创新的能力打下一定的基础。

已学课程：数控铣（加工中心）编程与操作、数控仿真、机械制图、机械设计基础、金属切削机床与刀具、机械加工工艺等。

2. 课程基本理念

课程开发遵循"基于专业技能培养和职业素养形成的 SP‐CDIO"的现代职业教育指导思想，以就业为导向的现代职业教育指导思想，其目标在于培养数控技术专业学生的编程和操作能力，依据数控铣床/加工中心中级工职业技能要求特点，满足职业技能培训与技能鉴定考核的要求，达到本专业职业资格等级标准的要求。参照相关的职业资格标准，构建课程体系和教学内容，使课程更加符合职业技术教育的特点和规律。

3. 课程设计思路

课程设计思路应以就业为导向，根据企业用工需求的技能要求特点，并参照数控铣床/加工中心中级工考证考核要点，构建本课程的设计思路。数控铣床、加工中心实训课程实践性较强，是长期生产实践的总结。根据数控铣床、加工中心国家职业标准，分解成若干教学项目，在实训中加深对专业知识、技能的理解和应用，培养学生的综合职业能力。

（二）课程目标

1. 知识目标

通过分解任务，进行项目化教学，使学生掌握数控铣床、加工中心编程和加工的知识，掌

握零件的读图、识图能力,独立进行编程加工,具有制订较复杂零件的数控加工工艺规程和分析解决生产中一般工艺问题能力。掌握数控加工的金属切削知识,独立完成零件的编程加工。

2. 能力目标

(1)熟练使用常用的工量具,并根据切削条件估算刀具寿命,合理选用刀具;

(2)通过中等复杂程度的零件图提高编程操作的能力;

(3)熟练掌握机床的操作方法,处理常见故障的能力;

(4)对典型零件的数控加工工艺进行分析,提高工艺设计和解决问题的能力。

3. 素质目标

阜阳职业技术学院数控技术专业明确面向国内外制造业,培养能在生产、服务第一线从事数控铣床操作、编程、装调和维修工作,德、智、体、美全面发展,适应现代企业需要、具有职业生涯发展基础的应用型高技能专门人才,以实现"懂工艺、会编程、精操作、善维护、能管理、可提升"的数控技术高素质、高技能应用型职业人才的培养目标。

4. 职业技能证书考核要求

数控铣床/加工中心中高级工。

(三) 课程内容和要求

1. 课程内容

学习情境		子情境	参考学时
情境名称	情境描述		
情境一:安全教育与机床基本原理	安全教育与机床基本原理、程序编制	1. 数控铣床、加工中心安全操作规程	2
		2. 数控铣床、加工基本原理及构造	2
		3. 数控铣床、加工中心编程方法	2
情景二:数控铣床、加工中心的基本操作	数控铣床、加工中心基本操作、控制面板操作	1. 数控铣床、加工中心操作的基本知识	2
		2. 机床控制面板的使用及程序的手工输入	2
		3. 数控铣床、加工中心的各种操作方式	2
情境三:刀具的选用	数控铣床、加工中心刀具	1. 数控铣床、加工中心常用刀具的相关知识	2
		2. 刀具装夹、拆卸的方法	2
情景四:工件的安装	工件安装与找正	1. 数控铣床、加工中心夹具的基本知识	2
		2. 数控铣床、加工中心常用工具的使用方法	2
情境五:对刀过程	对刀与坐标设定	1. 工件坐标系的建立方法	2
		2. 数控铣床、加工中心刀补的建立方法	2
情景六:零件工艺分析	典型零件的工艺分析及编程	1. 典型零件的工艺分析	8
		2. 典型零件加工程序的编制	8

续表

学习情境		子情境	参考学时
情境名称	情境描述		
情景七：自动编程	自动编程与数控仿真	1. 掌握自动编程的概念	2
		2. 自动编程软件的使用	2
情景八：SP - CDIO 项目训练	综合能力训练	1. 心形零件的配合件加工	8
		2. 蘑菇形零件的配合件加工	8

2. 学习情境规划和学习情境

【学习情境一描述】

学习情境名称	安全教育与机床基本原理	学时数	6
学习目标	1. 数控车间规程； 2. 数控铣床、加工中心操作规程； 3. 数控铣床、加工中心基本原理及基本构造； 4. 能够熟练掌握数控铣床、加工中心程序编制方法		

学习内容	教学方法和建议
1. 数控车间管理规定； 2. 数控铣床、加工中心操作规程； 3. 数控铣床、加工中心程序编制	1. 采用 SP - CDIO 项目教学法； 2. 播放数控铣床、加工中心维护视频； 3. 演练结合法

工具与媒体	学生已有基础	教师所需要的执教能力
数控铣床、加工中心，车间操作规程，数控铣床、加工中心操作规程，机床说明书	公差配合与测量技术，机械制图，机械工程材料，金工实习，数控机床仿真操作，数控车床编程与操作，数控铣床、加工中心编程与操作，机床与刀具等	1. 熟知数控机床实训过程； 2. 熟知数控铣床、加工中心操作规程； 3. 熟练掌握数控铣床、加工中心程序编制方法； 4. SP - CDIO 项目掌控能力

【学习情境二描述】

学习情境名称	数控铣床、加工中心的基本操作	学时数	4
学习目标	1. 数控铣床、加工中心的开关机； 2. 具有正确选择和使用机床坐标系的能力； 3. 能够熟记机床控制面板； 4. 能够熟练掌握各种操作方式； 5. 熟练掌握程序的手工录入		

学习内容	教学方法和建议
1. 数控铣床、加工中心的功能特点； 2. 数控铣床、加工中心坐标系统； 3. 数控铣床、加工中心控制面板； 4. 数控铣床、加工中心基本操作； 5. 数控铣床、加工中心程序录入	1. 采用 SP‐CDIO 项目教学法； 2. 播放数控铣床、加工中心维护视频； 3. 演练结合法。 本次内容主要讲述数控铣床、加工中心的程序录入及基本操作，建议采用现场教学法，对着机床讲述数控铣床、加工中心的功能，操作面板含义等

工具与媒体	学生已有基础	教师所需要的执教能力
数控铣床、加工中心，程序，机床说明书等	公差配合与测量技术，机械制图，机械工程材料，金工实习，数控机床仿真操作，数控车床编程与操作，数控铣床、加工中心编程与操作，机床与刀具等	1. 能操作数控铣床、加工中心； 2. 能正确选择机床坐标系； 3. 能快速录入程序，SP‐CDIO 项目掌控能力

【学习情境三描述】

学习情境名称	刀具的选用	学时数	4
学习目标	1. 认识数控铣床、加工中心常用刀具； 2. 会手工装夹、拆卸刀具； 3. 熟练掌握刀库混乱的处理方法		

学习内容	教学方法和建议
1. 数控铣床、加工中心常用刀具简介； 2. 手工装夹、拆卸刀具； 3. 刀库混乱的处理	1. 采用 SP‐CDIO 项目教学法； 2. 播放数控铣床、加工中心维护视频； 3. 演练结合法、分组讨论法

工具与媒体	学生已有基础	教师所需要的执教能力
数控铣床、加工中心，刀具、刀柄，机床说明书等	公差配合与测量技术，机械制图，机械工程材料，金工实习，数控机床仿真操作，数控车床编程与操作，数控铣床、加工中心编程与操作，机床与刀具等	1. 认识数控铣床、加工中心常用刀具，掌握相关刀具知识； 2. 能够手工装夹、拆卸刀具； 3. 掌握刀库混乱的处理方法，SP‐CDIO 项目掌控能力

【学习情境四描述】

学习情境名称	工件的安装		学时数	4
学习目标	1. 掌握百分表的用法； 2. 掌握直角尺的使用方法； 3. 掌握虎钳装夹工件基本工艺要求和使用方法及场合； 4. 掌握压板装夹工件的方法和使用场合			
学习内容		教学方法和建议		
1. 百分表的用法； 2. 直角尺的使用方法； 3. 虎钳装夹工件基本工艺要求和使用方法及场合； 4. 压板装夹工件的方法和使用场合		1. 采用 SP－CDIO 项目教学法； 2. 播放数控铣床、加工中心维护视频； 3. 演练结合法、分组讨论法		
工具与媒体	学生已有基础	教师所需要的执教能力		
数控铣床、加工中心、平口钳、压板等夹具，百分表、直角尺、铣床刀具、刀柄，45♯钢毛坯，机床说明书	公差配合与测量技术，机械制图，机械工程材料，金工实习，数控机床仿真操作，数控车床编程与操作，数控铣床、加工中心编程与操作，机床与刀具等	1. 百分表和直角尺的使用方法； 2. SP－CDIO 项目掌控能力； 3. 虎钳装夹工件的基本知识； 4. 能够正确装夹工件； 5. 掌握压板装夹工件的知识		

【学习情境五描述】

学习情境名称	对刀过程	学时数	4
学习目标	1. 掌握各种坐标系的关系； 2. 掌握对刀的原理； 3. 熟练掌握工件坐标系的建立方法； 4. 熟练掌握刀补设定的方法		
学习内容		教学方法和建议	
1. 各种坐标系的关系； 2. 对刀的原理； 3. 工件坐标系的建立； 4. 刀补设定		1. 采用 SP－CDIO 项目教学法； 2. 播放数控铣床、加工中心维护视频； 3. 演练结合法、分组讨论法	

工具与媒体	学生已有基础	教师所需要的执教能力
数控铣床、加工中心,平口钳、压板等夹具,铣床刀具、刀柄,45♯钢毛坯	公差配合与测量技术,机械制图,机械工程材料,金工实习,数控机床仿真操作,数控车床编程与操作,数控铣床、加工中心编程与操作,机床与刀具等	1. 掌握各种坐标系的关系; 2. 掌握对刀的原理; 3. 掌握工件坐标系的建立方法; 4. 掌握刀补设定的方法,SP - CDIO项目掌控能力

【学习情境六描述】

学习情境名称	零件工艺分析	学时数	16
学习目标	1. 掌握典型零件的工艺分析; 2. 掌握典型零件加工程序的编制		
学习内容	教学方法和建议		
1. 平面加工,型腔加工; 2. 轮廓加工,孔系加工; 3. 槽的加工	1. 采用SP - CDIO项目教学法; 2. 播放数控铣床、加工中心维护视频; 3. 演练结合法、分组讨论法		

工具与媒体	学生已有基础	教师所需要的执教能力
数控铣床、加工中心,平口钳、压板等夹具,铣床刀具、刀柄,45♯钢毛坯	公差配合与测量技术,机械制图,机械工程材料,金工实习,数控机床仿真操作,数控车床编程与操作,数控铣床、加工中心编程与操作,机床与刀具等	1. 正确编写零件的数控铣削加工程序; 2. 合理使用数控铣床、加工中心; 3. 对零件质量评估和分析超差原因; 4. 制定零件数控铣削加工工艺规程,SP - CDIO项目掌控能力

【学习情境七描述】

学习情境名称	自动编程	学时数	4
学习目标	1. 掌握自动编程的概念; 2. 熟悉自动编程软件的使用; 3. 会操作数控仿真软件对程序进行仿真		
学习内容	教学方法和建议		
1. 自动编程简介; 2. CAD/CAM编程简介; 3. 程序的传输; 4. 数控仿真加工	1. 采用SP - CDIO项目教学法; 2. 播放数控铣床、加工中心维护视频; 3. 演练结合法、分组讨论法		

工具与媒体	学生已有基础	教师所需要的执教能力
数控铣床、加工中心，平口钳、压板等夹具，铣床刀具、刀柄，45♯钢毛坯	公差配合与测量技术，机械制图，机械工程材料，金工实习，数控机床仿真操作，数控车床编程与操作，数控铣床、加工中心编程与操作，机床与刀具等	1. 掌握自动编程的概念； 2. 熟悉自动编程软件的使用； 3. 熟练操作数控仿真软件对程序进行仿真加工。SP-CDIO项目掌控能力

【学习情境八描述】

学习情境名称	SP-CDIO项目训练	学时数	16
学习目标	1. 能够对常见零件进行工艺分析，选择切削参数； 2. 能正确选择各类零件数控铣削加工所用刀具、刀具材料及几何参数，并能正确使用所选刀具进行加工； 3. 能够编制正确的数控铣削程序		

学习内容	教学方法和建议
1. 综合类零件程序的编制； 2. 综合类零件加工工艺分析； 3. 综合类零件的加工； 4. 数控铣床加工操作； 5. 零件的检测方法，各种量具的使用方法	1. 采用SP-CDIO项目教学法； 2. 播放数控铣床、加工中心维护视频； 3. 演练结合法、分组讨论法

工具与媒体	学生已有基础	教师所需要的执教能力
数控铣床、加工中心，平口钳、压板等夹具，铣床刀具、刀柄，45♯钢毛坯	公差配合与测量技术，机械制图，机械工程材料，金工实习，数控机床仿真操作，数控车床编程与操作，数控铣床、加工中心编程与操作，机床与刀具等	1. 正确编写复杂零件的数控铣削加工程序； 2. 使用数控铣床对零件加工； 3. 制定零件数控铣削加工工艺，SP-CDIO项目掌控能力

(四) 课程实施

1. 教材选用或编写

(1) 推荐教材：

张宣升. 数控铣加工中心实训指导及实习报告[M]. 合肥：合肥工业大学出版社，2009.

(2) 教材编写：

① 教材充分体现任务引领、实践导向的课程设计思想。课程设置以最新研发的机械类专业人才培养方案，并参照相关国家职业标准及有关行业的职业技能鉴定为主线，结合职业技能证书考核和企业对实际操作能力的要求，合理安排教材内容。以学生未来的发展和知识结构的要求，必需够用为度，不追求理论的深度与难度。

② 依据课程标准,编写"理论实践一体化"教材,将本专业知识分解成若干典型的任务,以实用为前提,引入必需的理论知识,加强实际操作能力的提高。在内容上既实用又开放,即在注重实际操作能力训练的同时,还把新知识、新技术和新方法融入教材。

③ 为了提高学生学习的积极性和主动性,培养学生综合职业能力,教材应根据工作任务的需要设计相应的技能训练。

2. 教学建议

(1) 教师应依据工作任务中的典型产品为载体安排和组织教学活动;

(2) 以小组形式进行学习,对分组安排及小组讨论(或操作)的要求,也应作出明确规定;

(3) 教师应以学习者为主体设计教学结构,营造民主、和谐的教学氛围,激发学习者参与教学活动,提高学习者学习积极性,增强学习者学习信心与成就感;

(4) 教师应指导学生完整的完成项目,并将有关知识、技能与职业道德和情感态度有机融合;

(5) 采用理论与实际相结合的教、学、做一体化教学方式,以数控加工实训为目标,数控编程与仿真加工实训设备和校外实践条件构建多样化学习环境;

(6) 强调学生动手,体现学生为主体的作用。

3. 教学评价、考核要求

(1) 改革考核手段和方法,加强实践教学环节的考核;

(2) 学生成绩评定,可通过平时机床保养、项目报告、阶段测验、团队表现等按比例进行;

(3) 课程成绩形成方式(表 4.6)。

表 4.6　课程成绩形成方式

考核方式	过程考核(项目考核)70 分			项目执行情况 30 分
	素质考核	过程考核	实操考核	
	10 分	20 分	40 分	30 分
考核实施	由实训指导教师根据学生项目实施过程考核	由实训指导教师根据平时实习时学生完成的项目任务情况考核	由实训指导教师对学生进行项目实施效果考核	项目的构思、设计、实施、运作情况
考核标准	根据遵守设备安全、人身安全和生产纪律等情况进行打分	预习内容 3 分 项目操作过程记录 17 分	任务方案正确 7 分 工具使用正确 3 分 操作过程正确 7 分 任务完成良好 3 分	综合能力考核,项目完成的程度
备注	造成设备、刀具损坏或人身伤害的学生本项目计 0 分			

4. 课程资源的开发和利用

学习资料资源:阜阳职业技术学院"数控编程与操作"精品课程网,编写《数控铣床、加工中心实训指导书》。

信息化教学资源:制作"数控铣床、加工中心操作实训"多媒体课件、制作"数控铣床、加工中心操作实训"课程网站,录制教学视屏,并上传到课程网站、制作多媒体素材、电子图书等。

（五）其他说明

（1）本课程标准主要适用于数控技术类专业，采用 SP - CDIO 教学模式进行教学，组建课程教学团队，进行团队合作；

（2）学生基础：具备基本钳工、机械识图与制图、机械技术基础等相关知识和技能；

（3）教师能力：技师或工程师素质，熟悉加工工艺规程编制、机床操作、刀具与夹具的选择使用、零件加工质量问题的处理。

五、"数控机床故障诊断与维修"课程标准

课程编码：B133102	课程名称：数控机床故障诊断与维修
课程类别：B	课程属类：职业核心课程
计划理论课时：30	计划实践课时：25
教学组织：教学做一体化教学	适用专业：数控技术（轴承方向）
先修课程：机械识图与制图、普通机床零件加工、数控机床编程与操作、数控机床实训	
后继课程：技能强化综合训练、职业技能鉴定的综合实训、生产性实训、顶岗实习、毕业设计	
职业资格：维修电工	
课程部门：机电工程系	
制订：数控机床课程开发团队	批准人：杨辉
团队负责人：万海鑫	

（一）课程定位和课程设计

1. 课程性质与作用

数控机床故障诊断及维修课程是数控技术专业轴承方向的职业核心课程，是集机械制造技术、自动化技术、计算机技术、传感检测技术、信息处理技术以及光电液于一体的现代制造技术。由于数控设备的先进性、复杂性和智能化的特点，在维修理论、技术和手段上都发生了极大的变化，企业需要大批掌握先进数控技术复合型的数控机床维修人员。

数控机床故障诊断与维修课程是机械制造、气动液压、电力拖动及 PLC 技术应用等课程的沿革，是机电技术的综合应用，对学生机电技术综合能力的培养有明显的促进作用。

2. 课程基本理念

数控相关岗位对应的职业能力：

（1）数控机床的操作、维护能力；

（2）数控机床的安装、检测、验收；

（3）数控机床的常见故障诊断与排除、普通设备的数控化改造等。

根据职业能力，本课程的理念是培养数控机床的维护、安装、检测、验收、维修及改造人员。本课程在设计过程中牢牢把握"SP - CDIO"的教学设计理念，把专业学生的核心职业能

力培养摆在突出的位置,以学生为主导,设计学习情境,规划学习性工作任务,达到课程的培养目标。

3. 课程设计思路

按照从岗位分析→确定典型工作任务→明确能力目标→归纳学习领域→设计与实施学习情境的思路进行课程开发。用 SP－CDIO 模式进行构思、设计、实施和运作等课程设计。

在故障的诊断排除中,尽管故障的表象各不相同,但故障处理的一般步骤是相同的,通过在机床和实训台上设置故障点,以典型故障帮助学生掌握机床故障的常见的方法。课程设计具有以下特点。

(1) 充分体现工学结合,加强与企业的深度融合,企业技术人员参与课程开发设计;

(2) 以"SP－CDIO 项目"为特征的工学结合人才培养模式为依据;

(3) 根据岗位能力要求和岗位标准,以职业能力的培养为主线,强化职业素质培养;

(4) 注重课程服务于专业;

(5) 强调理论与实践相结合;

(6) 强调应用性,突出先进性。

(二) 课程目标

1. 知识目标

能够对数控系统常见故障进行诊断与维修;查阅数控机床技术资料,对典型故障进行定位和维修;能根据机床数控系统报警或故障现象,对进给伺服系统和主轴驱动系统进行故障诊断与维修;用 PLC 编程工具诊断数控机床的故障,根据实际需要对机床作进一步的改进;理解显示参数、通用参数、其他参数,并能作相应调整。

2. 能力目标

(1) 对机床的外围设备(刀库系统、冷却系统、润滑系统)故障进行诊断与维修;

(2) 设置、修改、备份、恢复数控系统的数据能力;

(3) 完成继电器、按钮、连接件、紧固件等常规元器件的更换能力;

(4) 能够为生产厂商提供换件维修相关信息;

(5) 规范的使用维修工具和仪器仪表能力;

(6) 规范的填写维修技术文档能力。

3. 素质目标

通过教师演示、学生动手操作完成项目任务,激发学生的学习兴趣,培养学生观察、思考、探究的习惯,从而达到使学生自主学习、参与学习、合作学习的目的。

(1) 培养学生认真负责的工作态度和严谨细致的工作作风;

(2) 培养学生的自主学习意识和自学能力;

(3) 培养学生的创新意识与创造能力;

(4) 培养学生的团结、合作精神;

(5) 培养学生安全、质量、效率、环保及服务意识。

（三）课程内容与要求

1．课程内容

学习情境		子情境	参考学时
情境名称	情境描述		
情境一：数控机床安装、调试、检测与验收	数控机床的安装、调试方法；使用常用机床验收工具与仪器设备	1．数控机床的安装； 2．数控机床的调试； 3．数控机床的检测与验收	8
情境二：数控系统故障诊断与维修	数控系统的组成及故障；故障产生的原因；故障处理	1．数控系统故障诊断与维修概述； 2．电源类故障诊断与维修； 3．系统显示类故障诊断与维修； 4．数控系统软件故障诊断与维修； 5．急停报警类故障与维修； 6．操作类故障诊断与维修； 7．回参考点、编码器故障诊断与维修； 8．参数设定错误引起的故障； 9．刀架、刀库常见故障诊断与维修； 10．数控加工类故障诊断与维修	12
情境三：数控机床进给系统故障诊断与维修	数控机床进给系统结构原理，故障产生的原因；故障诊断与维修分析	1．进给驱动系统概述； 2．进给驱动系统常见故障诊断与维修； 3．进给伺服系统的构成及种类； 4．进给伺服系统常见的报警及排除； 5．进给伺服系统的故障诊断与维修； 6．进给伺服电动机故障诊断与维修； 7．进给驱动系统的维护	10
情境四：主轴驱动系统故障诊断与维修	数控机床主轴系统结构原理，机床主轴系统故障的原因，机床主轴系统故障的诊断与维修	1．主轴驱动系统概述； 2．直流主轴驱动系统故障诊断与维修； 3．主轴通用变频器； 4．交流伺服主轴驱动系统故障诊断与维修； 5．交流伺服主轴驱动系统维护	8
情境五：数控机床常见机械故障诊断与维修	对主传动系统进行故障诊断及维修，对进给系统进行故障诊断及维修，对液压气动系统进行故障诊断与维修，对刀库及换刀装置进行故障诊断与维修	1．主传动系统与主轴部件故障诊断与维修； 2．进给系统的结构及维修； 3．导轨副的结构及维修； 4．刀库及换刀装置的故障诊断与维修； 5．液压系统的故障诊断与维修； 6．气动系统的故障诊断与维修； 7．数控机床结构； 8．电器控制系统硬件故障诊断	12

2. 学习情境规划和学习情境设计

【学习情境一描述】

学习情境名称	数控机床安装、调试、检测与验收	学时数	8
学习目标	1. 以培养学生为出发点； 2. 以能力的提高为目标； 3. 培养学生完成数控机床的安装、调试、检测与验收的基本过程		

学习内容	教学方法和建议
1. 数控机床的安装准备、过程和结果； 2. 数控机床的调试准备、内容和方法； 3. 数控机床检测内容与检测方法； 4. 数控机床验收内容和方法	1. SP－CDIO 模式的任务教学法； 2. 案例教学法； 3. 项目教学法

工具与媒体	学生已有基础	教师所需要的执教能力
数控机床试验台，维修工具，万用表，线路图，投影仪等	机械制图，数控机床编程与操作，金工实习，机床电气控制	1. 机床安装、调试知识与技能； 2. 机床维护、维修基本知识与技能； 3. SP－CDIO 项目设计与实施的教学能力

【学习情境二描述】

学习情境名称	数控系统故障诊断与维修	学时数	12
学习目标	1. 培养学生能够使用机床说明书及相关检测工具的基本能力； 2. 培养数控机床数控系统类的故障诊断的基本操作； 3. 培养故障分析和处理能力； 4. 故障诊断和维修基本方法		

学习内容	教学方法和建议
1. 数控系统故障诊断与维修概述； 2. 电源类故障诊断与维修； 3. 系统显示类故障诊断与维修； 4. 数控系统软件故障诊断与维修； 5. 急停报警类故障与维修； 6. 操作类故障诊断与维修； 7. 回参考点、编码器类故障诊断与维修； 8. 参数设定错误引起的故障； 9. 刀架、刀库常见故障诊断与维修； 10. 数控加工类故障诊断与维修	1. SP－CDIO 项目模式的教学法； 2. 案例教学法； 3. 项目教学法； 建议采用教学做一体化教学法

续表

工具与媒体	学生已有基础	教师所需要的执教能力
数控机床试验台,维修工具,万用表,线路图,投影仪等	机械制图,数控机床编程与操作,金工实习,机床电气控制,计算机基础	1. 数控机床系统相关知识; 2. 数控机床维护维修基本知识; 3. SP - CDIO 项目的设计与教学能力; 4. 机床报警信息的掌控能力

【学习情境三描述】

学习情境名称	数控机床进给系统故障诊断与维修	学时数	10
学习目标	1. 通过典型的案例分析,掌握进给驱动系统的结构; 2. 培养学生的实践,掌握数控机床进给系统类的故障; 3. 通过项目实施,提高进给系统故障诊断和维修本领; 4. 掌握数控机床进给系统的维护与保养方法		

学习内容	教学方法和建议
1. 进给驱动系统概述; 2. 进给驱动系统常见故障诊断与维修; 3. 进给伺服系统的构成及种类; 4. 进给伺服系统常见的报警及排除; 5. 进给伺服系统的故障诊断与维修; 6. 进给伺服电动机故障诊断与维修; 7. 进给驱动系统的维护	1. SP - CDIO 项目的教学法; 2. 案例教学法、项目教学法; 建议认真完成滚珠丝杠的拆装实践

工具与媒体	学生已有基础	教师所需要的执教能力
数控机床试验台,维修工具,万用表,线路图,投影仪等	机械制图,数控机床编程与操作,金工实习,机床电气控制,机械基础	1. 数控机床及进给伺服相关知识; 2. 机床维护维修实践能力; 3. SP - CDIO 项目的设计与教学能力; 4. 实践任务的掌控能力

【学习情境四描述】

学习情境名称	主轴驱动系统故障诊断与维修	学时数	8
学习目标	1. 培养学生能够掌握主轴驱动系统的结构与原理; 2. 掌握数控机床主轴驱动系统类的故障诊断和维修; 3. 掌握数控机床主轴调速的故障诊断和维修; 4. 提高交流伺服主轴的保养与维护能力		

学习内容	教学方法和建议
1. 主轴驱动系统概述； 2. 直流主轴驱动系统故障诊断与维修； 3. 主轴通用变频器； 4. 交流伺服主轴驱动系统故障诊断与维修； 5. 交流伺服主轴驱动系统维护	1. SP－CDIO 项目的教学法； 2. 案例教学法、项目教学法； 建议采用教学做一体化教学

工具与媒体	学生已有基础	教师所需要的执教能力
数控机床试验台，维修工具，万用表，线路图，投影仪等	机械制图，数控机床编程与操作，金工实习，机械基础，机床电气控制	1. 掌握数控机床主轴相关知识； 2. 丰富的机床主轴维修知识； 3. 精湛的机床主轴维修技能； 4. SP－CDIO 项目的教学能力

【学习情境五描述】

学习情境名称	数控机床常见机械故障诊断与维修	学时数	12
学习目标	1. 培养学生能够快速获取信息能力； 2. 完成数控机床机械部分的故障诊断和维修任务，提高故障的系统掌控能力； 3. 培养完成 SP－CDIO 项目的综合能力； 4. 培养小组协调能力，不断通过职业素养		

学习内容	教学方法和建议
1. 主传动系统与主轴部件故障诊断与维修； 2. 进给系统的结构及维修； 3. 导轨副的结构及维修； 4. 刀库及换刀装置的故障诊断与维修； 5. 液压系统的故障诊断与维修； 6. 气动系统的故障诊断与维修； 7. 数控机床结构； 8. 电器控制系统硬件	1. SP－CDIO 项目模式的教学法； 2. 案例教学法； 3. 项目教学法； 建议采用教学做一体化教学法

工具与媒体	学生已有基础	教师所需要的执教能力
数控机床试验台，维修工具，万用表，线路图，投影仪等	机械制图，数控机床编程与操作，金工实习，机床电控，机械基础等	1. 数控机床 PLC 相关知识； 2. 机床维护维修知识和技能； 3. SP－CDIO 项目设计与教学能力； 4. 数控机床故障的综合处理能力

（四）课程实施

1. 教材选用或编写

推荐教材：杨辉. 数控机床故障诊断与维修［M］. 合肥：中国科学技术大学出版社. 2012.
教学参考资料：FANUC 系统说明书。

教材编写：已经编写《数控机床故障诊断与维修》，计划编写《数控机床故障诊断与维修实训项目任务书》。

2. 教学方法建议

宏观上采用 SP－CDIO 教学方法，自己制订工作计划，并实施和检查。微观上教学方法与手段主要有：

（1）项目教学法：基于工作过程，任务引领；

（2）启发教学法：设置情境，问题探究；

（3）小组学习法：合作学习，成果共享；

（4）自主学习法：以电脑、网络作为学习工具，经历从信息收集、制订计划、实施到成果评价的完整的工作过程，完成情境训练任务；

（5）演讲汇报法：成果汇报，竞争提高，学生互评，教师点评；

（6）多媒体＋实物展示＋比拟教学法：降低学习难度；

（7）案例教学法：真实产品为载体；

（8）情境训练法：围绕学习主题，多种学习情境强化训练。

3. 教学评价、考核要求

贯彻综合化考核原则，理论知识与实践技能考核相结合，单一能力与综合能力考核相结合，个别与群体考核相结合，全面考核学生的知识、能力和综合素质。考核分理论考核和过程考核。学生在企业顶岗实习的情况下，过程考核由企业师傅执行。

考核办法：SP－CDIO 项目过程考核表（表 4.7）。

表 4.7　SP－CDIO 项目过程考核表

评价项目	观测点	分值	评分
综合素质	遵守公司的各项规章制度	3	
	有团队合作精神，服从组织安排，易于沟通	3	
	工作作风端正，对本职工作感兴趣，工作有条理	3	
	不断学习和创新，勤于思考，有正确的学习方法	3	
	吃苦耐劳，具备健康体魄	3	
电器安装	看懂电气图纸，熟悉元器件作用和性能，熟悉数控系统组件连接	3	
	按图纸正确安装各器件，牢固平稳，布线美观、合理，正确使用工具	3	
	独立思考，能分析和解决现场问题，具有应变能力	3	

评价 项目	观测点	分值	评分
传动 系统	正确安装联轴器和伺服电机,确保全行程不干涉	3	
	正确安装主轴同步齿形带	3	
	独立思考和解决现场问题能力	3	
气动、润滑、 冷却安装	能看懂图纸,理解气压回路、润滑系统工作原理,了解各电磁阀和开关的用途,管线布局,会调整压力、流量	3	
	独立思考,能分析和解决现场问题,具有应变能力	3	
防护 安装	读懂图纸,按图纸正确有序安装机床防护,确保有良好的防护和防漏功能	3	
	正确安装导轨防护	3	
	独立分析和解决现场问题,具有创新能力	3	
整机调试: 电气部分	能看懂电气图纸,了解调试步骤	3	
	会使用万用表、钳形表等仪器	3	
	能进行机床外围控制电路调试	3	
	熟悉系统的界面和操作,能简单编程	3	
	能看懂 PLC 梯形图,理解系统接口信号含义	3	
	理解机床参数的含义,并能设置和调整	3	
	具备故障判断与排除能力	3	
整机调试: 机械部分	理解机械各部件的功能及原理	3	
	掌握换刀和回参考点动作过程,能对换刀点、各轴参考点、行程极限点、气缸松刀行程等进行机械调整	4	
	控制各项精度的能力,能进行整机各项精度测量及调整	4	
	独立分析和解决现场问题、具有创新能力	4	
考机与试切	读懂考机程序,编制试件程序	4	
	程序调试,首件试切	4	
	精度测量、误差判断	4	
	独立思考,能分析和解决现场问题,具有应变能力	4	
对学生实习情况的分析和改进建议		总分	

4. 课程资源开发与利用

学习资料资源:项目任务书、学习参考书、FANUC 公司网站等。

信息化教学资源:多媒体课件、网络课程、多媒体素材、教学平台、数控机床技术服务网。

课程资源的利用:项目任务书用于项目指导,网络课程可以用于学生在线自学,教学平台用于在线学习、在线考试、在线讨论、在线练习、在线提交作业等。

（五）其他说明

（1）课程使用 SP－CDIO 项目教学模式,课程开始前,校内教师会同企业教师共同制作项目任务书;课程进行中,校内教师根据任务书准备材料和工具,学生根据任务书设计并且制作,以达到项目实施目的;

（2）课程设计的项目与配套的实训设备有一定的出入,实训项目实训室情况适当调整;

（3）课程 SP－CDIO 项目设计时的内容选择有待修订、改进、完善,逐步实现与实际相一致;

（4）课程设计需与时俱进,以符合企业需求;

（5）教师能力:SP－CDIO 项目的设计与实施监控能力。

六、"CAD/CAM 应用"课程标准

课程编码:B 033101	课程名称:CAD/CAM 应用(UG)
课程类别:B	课程属类:职业能力课程
计划理论课时:30	计划实践课时:40
教学组织:教学做一体化教学	适用专业:数控技术(轴承方向)
先修课程:机械识图与制图、普通机床零件加工、数控编程与操作	
后继课程:技能强化综合训练、职业技能鉴定的综合实训、生产性实训、顶岗实习、毕业设计	
职业资格:数控铣床、加工中心中高级工	
课程部门:机电工程系	
制订:CAD/CAM 课程开发团队	批准人:杨辉
团队负责人:许光彬	

（一）课程定位和课程设计

1. 课程性质与作用

本课程是数控技术专业的专业核心技术课程之一,是校企合作开发的课程。在学生学完必要的专业技术基础课的基础之上,该课程又是连接专业课程与实践课程的操作平台。课程的内容涵盖机械产品零件的造型设计、数控加工、模具设计及学生的毕业设计等。

本课程是数控技术专业轴承方向的必修主干核心课程,以企业的实际产品设计、加工的过程为导向,以数控加工训练项目为课程核心内容展开实训,以机械制图、数控编程等课程为先导,对计算机辅助设计、制造基础知识和专业技能有深刻的认识和理解,学生具备从事机械、模具设计和数控加工基本的专业技能,为后续的专业课程学习、顶岗实习和毕业设计等打下基础。

2. 课程基本理念

本课程开发遵循基于工作过程为导向的现代职业教育指导思想,课程的目标是职业能

力开发,课程教学内容的取舍和内容排序遵循职业过程性原则,课程实施行动导向的教学模式,为了行动而学习,通过行动来学习等。以数控产品加工过程导向、以培养学生专业技能为本位。教学过程中以学生为主体、教师为主导,树立终身学习的理念,突出课程的职业性、实践性和开放性特点。结合相关产业发展需求、贴近生产一线实际,专业融入产业、规格服从岗位、教学贴近生产。

3. 课程设计思路

按照基于工作过程系统化的设计思路,将学习过程、工作过程与学生的能力、个性发展联系起来,将职业能力(职业分析、岗位分析、生产过程分析)、个人发展目标分析与教学设计结合在一起。邀请行业专家、课程专家、教学专家根据调研资料进行专题研讨,对典型工作任务的职业行动、目标及具体工作内容进行分析、归纳。参考国家职业标准以及职业岗位发展要求,按照典型工作岗位的难易程度确定从业人员岗位职责目录、岗位能力,形成 CAD/CAM 技术课程的综合行动领域,确定对应的岗位群。通过对职业岗位分析,确定典型的工作任务。将课程的教学单元的知识、技能和态度进行排序。根据学习领域职业能力要求将学习内容分解、重构、组合,实践技能与理论知识相互穿插,以项目、产品和案例为载体,按照认知规律和知识的逻辑关系,按职业能力递增的原则优化组合学习情境,强调"学以致用",重点突出。以岗位能力和职业标准确定课程的职业能力,以职业能力目标,以基于工作过程系统化为中心,任务驱动的"理实一体化"的教学过程,构建由理论到实践情境;以职业能力为目标对课程评价和调控,将素质教育贯穿整个教学过程中。

（二）课程目标

以企业的实际工作任务为导向,培养数控技术专业学生的知识、能力和素质。

1. 知识目标

能够熟练地使用 UG 软件完成产品零件的三维建模工作,并掌握 UG 软件的基本操作技能。以实际产品为主线,培养学生做实际产品,满足岗位要求的能力,培养学生掌握三维实体造型的能力。

能熟练使用 UG 软件的零件自动编程工作,并掌握 UG 软件的基本操作技能。以实际产品为载体,培养学生实际操作能力,满足岗位发展要求的能力,培养学生掌握零件产品的数控自动编程一体化技术的能力。

2. 能力目标

能够把理论知识和实践应用有机结合起来,培养学生的专业实践能力;同时使学生对该课程职业能力有深入的了解,尤其是学生在计算机辅助设计与制造模具的理念与实际技能方面有明显提高。

专业能力:

（1）学生有能力读懂中等复杂程度的零件图与装配图;

（2）学生有能力读懂复杂零件的数控加工工艺文件;

（3）熟悉数控加工工艺流程,能根据零件图样要求,编制中等复杂程度零件的车、铣、加工中心的数控加工工艺;

（4）有编制典型零件数控加工程序能力;

（5）具备调试加工程序，参数设置、调整的基本能力。

方法能力：

培养学生系统地计划工作步骤与目标的能力，根据制定的计划实施工作任务的能力，合理使用不同的方法、媒体、工作技术和辅助手段的能力，有效使用各种工具分析问题与解决问题的能力。

社会能力：

培养学生团队合作能力，交流与表达能力，以及自我控制与管理能力和社会责任感。

3. 素质目标

通过知识教学的过程培养学生爱岗敬业与团队协作的基本素质：

（1）培养认真负责的态度和严谨细致的作风；

（2）培养自主学习意识和自学能力；

（3）培养创新意识与创造能力；

（4）培养团结协作精神；

（5）培养学生安全、质量、效率、环保及服务意识。

（三）课程内容与要求

1. 课程内容

学习情境		参考学时
情境名称	情境描述	
情境一：连杆建模	1. 运用草绘构建线框，运用拉伸、回转创建基本体； 2. 实体建模中拉伸、倒斜角、边倒圆等工具的用法； 3. 使用布尔运算选项	6
情境二：碗形零件的建模	1. 曲线工具条构建线框，运用拉伸、回转创建基本体； 2. 实体建模中拉伸、倒斜角、边倒圆等工具的用法； 3. 使用布尔运算选项	6
情境三：轴的建模	1. 实体建模中旋转、键槽、边倒圆等工具的用法； 2. 草绘绘制、草图约束、拉伸、旋转、扫掠、孔、键槽、圆阵列、实体镜像、凸台、创建基准平面、倒斜角和边倒圆的创建方法	6
情境四：电热杯体的建模	1. 草绘、三维曲线的绘制思路和方法； 2. 曲面建模中直纹面、通过曲线组曲面功能的操作	6
情境五：五角星体的建模	1. 草绘、三维曲线的绘制思路和方法； 2. 直纹面曲面建模、通过曲线组曲面功能的操作	6

学习情境		参考学时
情境名称	情境描述	
情境六：吸顶灯罩体的建模	1. 实体建模中坐标系变换； 2. 通过曲线网格、扫掠特征、修剪体、图层设置等指令操作与使用； 3. 高级曲线功能投影曲线的操作	10
情境七：薄板编程与加工	1. UG 切削模式、步距、切削层、切削参数、非切削移动、机床控制、进给和速度的确定； 2. 刀具的创建、几何体的创建、操作的创建、刀具路径模拟及检验、刀具路径后处理	10
情境八：心形型腔的编程与加工	1. UG 切削模式、步距、切削层、切削参数、非切削移动、机床控制、进给和速度的确定； 2. 刀具的创建、几何体的创建、操作的创建、刀具路径模拟及检验、刀具路径后处理	10
情境九：鼠标模型的编程与加工	1. UG 切削模式、步距、切削层、切削参数、非切削移动、机床控制、进给和速度的确定； 2. 刀具的创建、几何体的创建、操作的创建、刀具路径模拟及检验、刀具路径后处理	10

2. 学习情境规划和学习情境设计

【学习情境一描述】

学习情境名称	连杆建模	学时数	6
学习目标	1. 运用草绘构建线框，运用拉伸、回转创建基本体； 2. 掌握实体建模中拉伸、倒斜角、边倒圆等工具的用法； 3. 了解和使用布尔运算选项		

学习内容	教学方法和建议
1. 草图曲线绘制方法介绍； 2. 草图约束； 3. 拉伸特征基本操作； 4. 回转特征基本操作； 5. 布尔操作基本操作； 6. 边倒圆特征基本操作； 7. 连杆建模举例	1. 教师多媒体示范讲授； 2. 讲练结合； 3. 学生示范演示

工具与媒体	学生已有基础	教师所需要的执教能力
虚拟制造实训室与对应的软件、多媒体等	机械制图、金工实习、机床与刀具、金属材料与热处理、数控机床加工、AutoCAD 等	1. 熟练 UG 软件、数控加工知识； 2. 掌握实际设计与加工能力； 3. 了解学生的基本学习能力

【学习情境二描述】

学习情境名称	碗形零件的建模	学时数	6
学习目标	1. 掌握草绘绘制、草图约束、拉伸、旋转命令的使用； 2. 孔、键槽、圆阵列、创建基准平面、倒斜角和边倒圆的创建方法； 3. 掌握曲线绘制工具操作、编辑曲线工具操作工具的用法； 4. 提高建模技巧		

学习内容	教学方法和建议	
1. 曲线工具条简介； 2. 曲线绘制工具操作； 3. 编辑曲线工具条简介； 4. 编辑曲线工具操作； 5. 碗的建模举例	1. 教师多媒体示范讲授； 2. 讲练结合； 3. 学生示范演示	

工具与媒体	学生已有基础	教师所需要的执教能力
虚拟制造实训室与对应的软件、多媒体等	机械制图、金工实习、机床与刀具、金属材料与热处理、数控机床加工、Auto-CAD 等	1. 熟练 UG 软件、数控加工知识； 2. 掌握实际设计与加工能力； 3. 了解学生的基本学习能力

【学习情境三描述】

学习情境名称	轴的建模	学时数	6
学习目标	1. 掌握实体建模中旋转、键槽、边倒圆等工具的用法； 2. 掌握草绘绘制、草图约束、拉伸、旋转命令使用； 3. 孔、键槽、圆阵列、创建基准平面、倒斜角和边倒圆的创建方法； 4. 提高建模技巧		

学习内容	教学方法和建议	
1. 基准平面创建方法； 2. 孔、键槽、倒斜角和边倒圆设计特征； 3. 轴的建模举例； 4. 学生汇报演讲	1. 教师多媒体示范讲授； 2. 讲练结合； 3. 学生示范演示	

工具与媒体	学生已有基础	教师所需要的执教能力
虚拟制造实训室与对应的软件、多媒体等	机械制图、金工实习、机床与刀具、金属材料与热处理、数控机床加工、Auto-CAD 等	1. 熟练 UG 软件、数控加工知识； 2. 掌握实际设计与加工能力； 3. 了解学生的基本学习能力

【学习情境四描述】

学习情境名称	电热杯体的建模	学时数	6
学习目标	1. 掌握草绘、三维空间曲线的绘制方法； 2. 掌握曲面建模中直纹面、通过曲线组曲面功能的操作； 3. 掌握实体建模中拉伸、球、孔、基准面、镜像特征、键槽等工具的用法； 4. 布尔运算的选项操作； 5. 提高建模技巧		

学习内容	教学方法和建议
1. 通过曲线组命令的使用； 2. 有界平面的操作； 3. 修剪的片体的操作； 4. 缝合曲面的操作； 5. 座体的建模举例； 6. 细节特征建模方法； 7. 关联复制的使用； 8. 电热杯体的建模演练	1. 教师多媒体示范，操作要点讲授； 2. 讲练结合； 3. 学生示范演示； 4. 项目任务法； 5. 教师巡回指导

工具与媒体	学生已有基础	教师所需要的执教能力
虚拟制造实训室与对应的软件、多媒体等	机械制图、金工实习、机床与刀具、金属材料与热处理、数控机床加工、Auto-CAD 等	1. 熟练 UG 软件、数控加工知识； 2. 掌握实际设计与加工能力； 3. 了解学生的基本学习能力

【学习情境五描述】

学习情境名称	五角星体的建模	学时数	6
学习目标	1. 掌握草绘、三维空间曲线的绘制方法； 2. 掌握曲面建模中直纹面、通过曲线组曲面功能的操作； 3. 提高建模技巧		

学习内容	教学方法和建议
1. "直纹面"命令的使用方法； 2. 五角星体建模步骤； 3. 上机实训指导； 4. 学生汇报演讲	1. 教师多媒体示范，操作要点讲授； 2. 讲练结合； 3. 学生示范演示

工具与媒体	学生已有基础	教师所需要的执教能力
虚拟制造实训室与对应的软件、多媒体等	机械制图、金工实习、机床与刀具、金属材料与热处理、数控机床加工、Auto-CAD 等	1. 熟练 UG 软件、数控加工知识； 2. 掌握实际设计与加工能力； 3. 了解学生的基本学习能力

【学习情境六描述】

学习情境名称	吸顶灯罩体的建模		学时数	10
学习目标	1. 灵活掌握实体建模中坐标系变换方法 2. 掌握实体建模通过曲线网格、扫掠特征、修剪体、图层设置等特征的用法 3. 提高建模技巧			
学习内容		**教学方法和建议**		
1. "通过曲线网格"命令的创建过程； 2. "扫掠"命令的创建过程； 3. 点集的使用； 4. 从点云的使用； 5. 修剪和延伸的操作； 6. 面倒圆的操作； 7. 项目任务实训； 8. 项目设计汇报演讲		1. 教师多媒体示范,操作要点讲授； 2. 讲练结合； 3. 学生示范演示； 4. 项目任务法； 5. 教师巡回指导		
工具与媒体	**学生已有基础**		**教师所需要的执教能力**	
虚拟制造实训室与对应的软件、多媒体等	机械制图、金工实习、机床与刀具、金属材料与热处理、数控机床加工、Auto-CAD 等		1. 熟练 UG 软件、数控加工知识； 2. 掌握实际设计与加工能力； 3. SP – CDIO 项目设计与控制能力	

【学习情境七描述】

学习情境名称	薄板编程与加工		学时数	10
学习目标	1. 掌握平面类零件 UG 切削模式、步距、切削层参数、非切削移动参数、机床主轴转速、进给和切削速度的确定方法； 2. 掌握刀具的创建、几何体的创建、操作的创建、刀具路径模拟及检验、刀具路径后处理； 3. 提高建模技巧			
学习内容		**教学方法和建议**		
1. 边界几何的设定； 2. 切削模式的确定； 3. 步距、切削层的确定； 4. 切削参数、非切削移动参数的确定； 5. 编程实例		1. 教师多媒体示范,操作要点讲授； 2. 讲练结合； 3. 学生示范演示		
工具与媒体	**学生已有基础**		**教师所需要的执教能力**	
虚拟制造实训室、数控机床	机械制图、金工实习、机床与刀具、金属材料与热处理、数控机床加工、Auto-CAD 等		1. 熟练 UG 软件、数控加工知识； 2. 掌握实际设计与加工能力； 3. 理论实践一体化教学能力	

【学习情境八描述】

学习情境名称	心形型腔的编程与加工	学时数	10
学习目标	1. 掌握型腔类零件 UG 切削模式、步距、切削层参数、非切削移动参数、机床主轴转速、进给和切削速度的确定方法； 2. 掌握刀具的创建、几何体的创建、操作的创建、刀具路径模拟及检验、刀具路径后处理； 3. 提高建模技巧		

学习内容		教学方法和建议	
1. 边界几何的设定； 2. 切削模式的确定； 3. 步距、切削层的确定； 4. 切削参数、非切削移动参数的确定； 5. 项目设计与实施		1. 教师多媒体示范讲授； 2. 讲练结合； 3. 学生示范演示； 4. 项目任务法； 5. 教师巡回指导	

工具与媒体	学生已有基础	教师所需要的执教能力
虚拟制造实训室、数控车间	机械制图、金工实习、机床与刀具、金属材料与热处理、数控机床加工、Auto-CAD 等	1. 熟练 UG 软件、数控加工知识； 2. 掌握实际设计与加工能力； 3. 激发学生学习动力能力

【学习情境九描述】

学习情境名称	鼠标零件的编程与加工	学时数	10
学习目标	1. 掌握轮廓类零件 UG 铣削模式、步距、切削层参数、非切削移动参数、机床主轴转速、进给和切削速度的确定方法； 2. 掌握刀具的创建、几何体的创建、操作的创建、刀具路径模拟及检验、刀具路径后处理； 3. 提高建模技巧		

学习内容		教学方法和建议	
1. 边界几何的设定； 2. 切削模式的确定； 3. 步距、切削层的确定； 4. 切削参数、非切削移动参数的确定； 5. 项目设计与实施； 6. 学生汇报演讲		1. 教师多媒体示范讲授； 2. 讲练结合； 3. 学生示范演示； 4. 项目任务法； 5. 教师巡回指导	

工具与媒体	学生已有基础	教师所需要的执教能力
虚拟制造实训室、数控机床	机械制图、金工实习、机床与刀具、金属材料与热处理、数控机床加工、Auto-CAD 等	1. 熟练 UG 软件、数控加工知识； 2. 掌握实际设计与加工能力； 3. 掌控项目进展能力

（四）课程实施

1. 教材选用或编写

慕灿. UG NX6.0 数控加工项目教程[M]. 北京：北京大学出版社，2010.

赵波，龚勉，浦维达. UG CAD 实用教程[M]. 北京：清华大学出版社，2010.

李海涛. UG NX 实例教程[M]. 北京：人民邮电出版社，2013.

2. 教学方法建议

教学方法采用课堂演示讲授与实验相结合，既突出了基本知识与典型应用的结合，又注重基本知识与最新知识的联系。通过实际操作练习，加深学生理解和巩固所学理论课的内容，并增强动手能力。结合实际内容采用项目教学法、任务驱动法、案例教学法、情境教学法、实训作业法等。

在教学中适当增加新的内容，将教学方法和手段并入课程内容与要求中，按教学单元内容采用不同的教学方法和教学手段。

3. 教学评价、考核要求

不再简单进行理论知识考核和单一的期末考试等评价做法，通过项目考评、产品考评、过程考评、报告考评、知识考评等，逐步实现形成性评价和中介性评价相结合，要对知识与技能、过程与方法、情感态度与价值观等进行全面评价。采用过程项目化评价，通过项目任务考核相应知识的掌握情况，课程结束后，总体进行上机考试。

期末成绩（100 分）＝平时项目任务（50 分）＋期末考核（50 分），平时布置作业 5～10次，以书面形式为主，其成绩占平时成绩的 30％左右，出勤率占平时成绩的 30％；完成实训项目的实践报告，实训成绩占平时成绩的 40％左右。如表 4.8 所示。

期末考试采用上机操作考试形式。

表 4.8　项目考核表

考核方式	过程考核（项目考核）			期末考核（卷面考核）
	素质考核	工单考核	实操考核	
	10 分	20 分	40 分	30 分
考核实施	由指导教师、组长共同根据学生实际表现按照评分细则集中考核	主讲教师根据学生完成工单情况考核	由主讲教师、实训指导教师对学生进行项目操作考核	教务处、院系和教师组织实施
考核标准	依据相关行业企业岗位技能要求、职业素质要求制定			

4. 课程资源开发与利用

开发与利用信息化教学资源：多媒体课件、网络课程、多媒体素材、电子图书和专业网站的。

课程选用教材：慕灿. UG NX6.0 数控加工项目教程[M]. 北京：北京大学出版社. 2010.

参考教材：杜志敏. UG NX 曲面设计[M]. 北京：人民邮电出版社. 2009.

参考网络资料：慕灿. 校级 CAD/CAM 精品课程[M]. 阜阳职业技术学院. 2010.

（五）其他说明

课程要求学生要有对应的 CAD 绘图基础能力,机械加工类的系统性的知识;能够与阜阳本地企业合作,开展工学结合更好。学生在课程教学前应具有熟练操作计算机、识图、机械加工的基础。根据数控编程的实际过程安排教学顺序,让学生养成良好的编程习惯和操作规范。积极转变教学观念,根据学生认知水平和课程目标,因材施教,合理有效地组织教学。

七、"轴承套圈磨工工艺"课程标准

课程编码:B132110	课程名称:轴承套圈磨工工艺
课程类别:B	课程属类:职业能力课程
计划理论课时:80	计划实践课时:21
教学组织:教学做一体化教学	适用专业:数控技术(轴承方向)
先修课程:机械识图与制图、普通机床零件加工、机械工程材料与热处理公差配合与测量技术	
后继课程:技能强化综合训练、职业技能鉴定的综合实训、生产性实训、顶岗实习、毕业设计	
职业资格:轴承磨工中高级工	
课程部门:机电工程系	
制订:轴承制造课程开发团队	批准人:杨辉
团队负责人:张伟	

（一）课程定位和课程设计

1. 课程性质与作用

本课程是数控技术专业(轴承方向)的专业核心课程。主要学习磨削工艺知识,特别是轴承套圈的磨削,为培养学生处理一般工程问题的能力和学习有关后继课、专业课打下基础。

本课程是从理论性、系统性很强的基础课和专业基础课向实践性较强的专业课过渡的一个重要转折点,在教学中具有承上启下的作用,课程知识掌握的程度直接影响后续课程的学习。通过本课程的学习,可以使学生掌握轴承套圈磨削基本理论和基本知识,初步具有分析、设计能力,并获得必要的基本技能训练,同时注意培养学生正确的设计思想和严谨的工作作风,为学习有关专业课程以及参与技术改造奠定必要的基础。

前导课程:滚动轴承基础、机械制图、机械工程材料、金属切削原理与刀具。后续课程:轴承制造工艺学、机械制造工艺、数控加工技术、模具设计工艺等。

2. 课程基本理念

（1）坚持以高职教育培养目标为依据,遵循"结合理论联系实际,以应知、应会"的原则,以培养锻炼职业技能为重点;

（2）注重培养学生的专业思维能力和专业实践能力;

（3）把创新素质的培养贯穿于教学中。采用行之有效的教学方法,注重发展学生专业思维和专业应用能力；

（4）培养学生分析问题、解决问题的创新能力。

3. 课程设计思路

（1）在课程设计过程中，以社会职业岗位的需求和受教育者的需求为依据，以职业岗位必须具备的知识结构为标准，分析职业岗位的能力要求，针对职业岗位的要求设计课程；

（2）将典型的工作任务或工作项目作为课程内容，以轴承套圈上的各个表面的磨削为载体设计教学活动，并按照工作体系的结构设计课程结构，使学生在这一过程中获得综合职业知识与职业能力；

（3）依托工学结合并以能力递进为核心、认知规律为基础，遵循从简单到复杂、从易到难、循序渐进的原则设置学习情境，并且每个学习情境设计若干个子学习情境；

（4）以"SP - CDIO 项目"为特征的工学结合人才培养模式为依据；

（5）根据岗位能力要求和岗位标准，以职业能力的培养为主线，强化职业素质培养；

（6）强调内容的应用性，突出先进性。

（二）课程目标

1. 工作任务目标

本课程主要要求学生掌握磨削基础，砂轮、夹具设计，典型套圈的磨加工工艺编制，轴承的技术要求与技术测量，轴承套圈端面磨削，外径磨削，内圆磨削，滚道磨削，挡边磨削以及超精加工等加工方法及工艺措施。让学生熟悉和掌握轴承套圈磨削的方法及技能，进而培养学生的职业岗位素质和职业岗位能力，达到磨工中级工职业技能标准，使学生胜任轴承行业的岗位工作。

2. 职业能力目标

（1）专业能力：

① 能合理选择合适的切削液，会使用各种轴承专用测量仪器；

② 能选择砂轮，会操作各类型的磨床；

③ 会做简单的夹具设计，能确定轴承各表面磨削时的磨削工艺；

④ 清楚磨削的基本过程，会做相关的质量问题分析；

⑤ 会做典型套圈的磨削加工工艺编制。

（2）方法能力：

① 具有将思维形象转化为工程语言的能力；

② 会收集、分析和整理参考资料的技能；

③ 较强的自主学习能力和实践能力；

④ 能够设计工作计划，具有分析的能力，提出可行的方案。

（3）社会能力：

① 养成思考、学习的习惯，能保持对生产的好奇，对轴承有亲近和热衷的情感；

② 善于与他人交流，主动与他人合作，敢于提出不同的见解，改正自己的错误；

③ 养成克服困难的精神，具有较强的忍耐力，战胜困难的勇气；

④ 养成信用意识、敬业意识、效率意识。

（三）课程内容与要求

1. 课程内容

学习情境		子情境	参考学时
情境名称	情境描述		
情境一：轴承套圈端面磨削	能根据端面磨削特点确定端面磨削加工工艺，会调整平面磨床的各项参数，能独立操作平面磨床磨削轴承端面	1. 套圈端面磨削加工工艺； 2. 平面磨床的调整； 3. 磨削端面	20
情境二：轴承套圈外径磨削	能根据外径磨削特点确定外径磨削加工工艺，会调整无心外圆磨床的各项参数，能独立操作无心外圆磨床磨削轴承外圆表面	1. 套圈外径磨削加工工艺； 2. 无心外圆磨床的调整； 3. 磨削外圆	20
情境三：轴承套圈内径磨削	能根据内径磨削特点确定内径磨削加工工艺，会调整内圆磨床的各项参数，能独立操作内圆磨床磨削轴承内径	1. 套圈内径磨削加工工艺； 2. 内圆磨床的调整； 3. 磨削内径	20
情境四：轴承套圈沟道（滚道）磨削	能根据沟道（滚道）磨削特点确定沟道（滚道）磨削加工工艺，会调整沟道（滚道）磨床的各项参数，能独立操作沟道（滚道）磨床磨削轴承沟道（滚道）	1. 套圈沟道（滚道）磨削加工工艺； 2. 沟道（滚道）磨床的调整； 3. 磨削沟道（滚道）	20
情境五：超精加工	能确定沟道（滚道）超精加工工艺，会调整超精机床的各项参数，能独立操作超精机床	1. 超精加工工艺； 2. 超精机的调整； 3. 超精加工沟道（滚道）	21

2. 学习情境规划和学习情境设计

【学习情境一描述】

学习情境名称	轴承套圈端面磨削	学时数	20
学习目标	1. 熟记轴承套圈端面磨削的方法； 2. 能确定端面磨削时的余量、砂轮、磨削用量； 3. 能独立的操作平面磨床； 4. 提高项目的执行能力		

学习内容	教学方法和建议
1. 套圈端面磨削加工工艺； 2. 平面磨床的调整； 3. 磨削端面； 4. 端面磨削时的质量分析； 5. 见习	1. 采用"教学做合一"、多媒体教学等方法； 2. 观看平面磨削相关视频； 3. 现场演示法； 4. 结合实例讲解工艺如何选择； 5. 要多比较，多联想，认识问题的核心

续表

工具与媒体	学生已有基础	教师所需要的执教能力
1. 多媒体教学设备； 2. 教学课件、软件； 3. 视频教学资料； 4. 双端面平面磨床	钳工基础,轴承基础,机械制造基础,机床和刀具等	1. 具有机械加工知识和技能； 2. 熟练使用多种教学方法； 3. 具有实际轴承加工工作经验； 4. 具有 SP‐CDIO 项目的设计与运作能力； 5. 熟悉企业轴承生产

【学习情境二描述】

学习情境名称	轴承套圈外径磨削	学时数	20
学习目标	1. 熟记轴承套圈外径磨削的方法； 2. 能确定外径磨削时的余量、砂轮、磨削用量； 3. 能独立的操作外圆磨床； 4. 提高 SP‐CDIO 项目实施能力		

学习内容	教学方法和建议
1. 套圈外径磨削加工工艺； 2. 无心外圆磨床的调整； 3. 磨削外圆； 4. SP‐CDIO 项目； 5. 外圆磨削质量的分析； 6. 小组汇报演讲	1. 采用"教学做"一体化、多媒体教学等方法； 2. 生产现场参观； 3. 实际操作外圆磨床； 4. 实例讲解工艺； 5. 采取 SP‐CDIO 项目,分析其质量及其误差

工具与媒体	学生已有基础	教师所需要的执教能力
1. 多媒体教学设备； 2. 教学课件、软件； 3. 视频教学资料； 4. 无心外圆磨床； 5. 生产自动线	钳工基础,轴承基础,机械制造基础,机床和刀具等	1. 具有机械加工知识和技能； 2. 熟练使用多种教学方法； 3. 具有实际轴承加工工作经验； 4. 具有 SP‐CDIO 项目的设计与运作能力； 5. 熟悉企业轴承生产

【学习情境三描述】

学习情境名称	轴承套圈内径磨削	学时数	20
学习目标	1. 熟记轴承套圈内径磨削的方法； 2. 能确定内径磨削时的余量、砂轮、磨削用量； 3. 能独立的操作内圆磨床； 4. 提高产品质量控制能力		

学习内容	教学方法和建议
1. 套圈内径磨削加工工艺； 2. 内圆磨床的调整； 3. 磨削内径； 4. 内圆磨削时的质量分析； 5. 内圆磨削项目实施； 6. 小组汇报演讲	1. 采用"教学做"一体化、多媒体教学等方法； 2. "校中厂"实习； 3. 案例教学法； 4. 项目教学法

工具与媒体	学生已有基础	教师所需要的执教能力
1. 多媒体教学设备； 2. 教学课件、软件； 3. 视频教学资料； 4. 内圆磨床及磨削自动线	钳工基础，轴承基础，机械制造基础，机床和刀具等	1. 具有机械加工知识和技能； 2. 熟练使用多种教学方法； 3. 具有实际轴承加工工作经验； 4. 具有 SP－CDIO 项目的设计与运作能力； 5. 熟悉企业轴承生产自动线

【学习情境四描述】

学习情境名称	轴承套圈沟道（滚道）磨削	学时数	20
学习目标	1. 会确定沟道（滚道）磨削时的余量、砂轮、磨削用量； 2. 清楚沟道（滚道）磨削的技术要求； 3. 能调整沟道（滚道）磨床； 4. 提高产品质量意识和安全意识； 5. 培养项目开发能力		

学习内容	教学方法和建议
1. 套圈沟道（滚道）磨削加工工艺； 2. 沟道（滚道）磨床的调整； 3. 磨削沟道（滚道）； 4. 分析沟道（滚道）磨削时的主要质量问题； 5. 沟道磨削项目实施； 6. 小组汇报演讲	1. 采用理论实践一体化教学； 2. "校中厂"实习； 3. 案例教学法； 4. 项目教学法； 5. 观看磨削质量分析视频

工具与媒体	学生已有基础	教师所需要的执教能力
1. 多媒体教学设备； 2. 教学课件、软件； 3. 视频教学资料； 4. 沟道（滚道）磨床； 5. 生产自动线	钳工基础，轴承基础，机械制造基础，机床和刀具等	1. 具有机械加工知识和技能； 2. 熟练使用多种教学方法； 3. 具有实际轴承加工工作经验； 4. 具有 SP－CDIO 项目的设计与运作能力； 5. 熟悉企业轴承磨削加工自动线

【学习情境五描述】

学习情境名称	超精加工	学时数	21
学习目标	1. 会用各种光整加工方法； 2. 能操作超精研机床； 3. 提高专业技术技能； 4. 养成良好的职业素养； 5. 培养产品质量意识		

学习内容	教学方法和建议
1. 超精加工工艺； 2. 超精机的调整； 3. 超精加工沟道(滚道)； 4. 超精研时的质量分析； 5. 超精研项目实施； 6. 小组汇报演讲	1. 采用"教学做"一体化、多媒体教学等方法； 2. "校中厂"实习； 3. 案例教学法； 4. 项目教学法。 5. 实际操作轴承超精加工机床； 6. 多画图,多举实例

工具与媒体	学生已有基础	教师所需要的执教能力
多媒体教学设备；教学课件、软件；视频教学资料；超精加工机床	钳工基础,轴承基础,机械制造基础,机床和刀具等	1. 具有机械加工知识和技能； 2. 熟练使用多种教学方法； 3. 具有实际轴承加工工作经验； 4. 具有 SP－CDIO 项目的设计与运作能力； 5. 熟悉企业轴承超精磨削加工设备； 6. 理论实践经验丰富

(四) 课程实施

1. 教材选用或编写

(1) 推荐教材:刘桥方. 轴承套圈磨工工艺[M]. 郑州:河南人民出版社. 2006.

(2) 教材编写体例建议:依据本课程标准,对教材要求比较灵活,自编教材讲义,并选择多本教材或手册。教材的编写要求有:

① 必须依据本课程标准编写教材,教材应充分体现工作领域内工作项目的设计思想,突出职业能力培养的思路；

② 以工作任务为主线避免理论知识被割裂、零散化的倾向。尽可能将理论知识用工作任务串起来；理论知识内容应符合工作任务职业行为；

③ 教材紧跟行业发展,内容规范,标准统一；

④ 教材应由阜阳职业技术学院教师与阜阳轴承有限公司共同编写。

2. 教学方法建议

本课程采用实训操作、教师讲授一体化场所。实训室应包括多媒体教学系统,以便能同时开展讲授、训练和项目教学。教学方法如下:

（1）教学做合一：教学做合一即讲练结合、精讲多练、边讲边练。教师在讲解过程中出示实物，并进行一些演示产品的设计过程，可提高学习效果。

（2）技术辩论法：学生对设计方法进行辩论，激发学生的学习兴趣，促进学生积极思考。学生在辨论中加深对知识的理解和认识，对实际问题的分析判断，增强对技术的运用能力。

（3）引导文教学法：即按资讯、计划、决策、实施、检查、评估六个步骤组织学生学习，可培养学生的团队协作和沟通交流等职业素养。

（4）SP-CDIO项目教学法，严格控制项目的各个环节，保障项目的构思（C）、设计（D）、实施（I）、运作（O）的实际效果，提高专业技能（S）和培养职业素养（P）。

3. 教学评价、考核要求（表4.9）

（1）采用过程性评价与目标评价相结合的评价方法，过程性评价可占60%的比重。

（2）根据学生完成每项工作任务的质量进行评分。按照学生的掌握程度，在每项工作任务中，每完成工作任务的质量得分。

（3）目标评价就是考查学生对理论知识的掌握程度，以试卷的方式进行考核。

（4）应让阜阳轴承有限公司工程师和学生参与到教学评价中。

表4.9　教学考核表

考核方式	过程考核（项目考核）70%			期末考核30%
	素质	工单	SP-CDIO项目实操	
10分	20分	40分	30分	
考核实施	由指导教师、组长共同根据学生表现集中考核	项目指导教师根据学生完成工单情况考核	由项目指导教师、实训指导教师对学生进行项目操作考核	教务处组织实施
考核标准	根据遵守设备安全、人身安全和生产纪律等情况进行10分	预习内容10分项目操作过程记录10分	项目任务方案正确10分；工具使用正确10分；操作过程正确10分；项目任务完成良好10分	建议题型不少于：填空、单向选择、多项选择、判断、名词解释、问答题、论述题

4. 课程资源开发与利用

（1）积极开发和利用网络教学资源：课程标准、项目课程设计方案、实际操作指导书、授课计划、课程录像、操作步骤视频、课程动画、PPT课件、习题库；

（2）建立师生互动交流网络平台。

（五）其他说明

（1）本课程标准主要适用于阜阳职业技术学院数控类专业（轴承方向）；

（2）课程设计的项目与实训设备、实训项目需按企业生产情况适当调整；

（3）课程SP-CDIO项目设计时的内容选择有待修订、改进、完善，逐步实现与实际生产接轨；

（4）课程设计需与时俱进，以符合企业、社会需求；

（5）学生基础：应具备基本钳工、机械识图与制图、机械技术基础等相关知识；

（6）教师能力：SP-CDIO 项目的设计与实施监控能力。

要定期分析岗位和职业能力的变化和新要求，从实际的行业需求中不断调整课程目标，围绕职业能力调整课程内容，及时修改课程标准。

附　　录

附录一　数控技术专业(轴承方向)人才需求调研报告

阜阳职业技术学院围绕培养学生的发展潜能和就业核心竞争力的发展目标,根据数控技术专业(轴承方向)办学定位的要求,我们开展了针对先进制造行业、轴承制造行业的背景、专业人才需求状况、毕业生就业岗位、典型工作任务等多项内容的新一轮数控技术专业(轴承方向)人才需求调研,为修订人才培养方案提供客观依据。具体安排如下:

调研时间:2014 年 4 月至 2014 年 9 月。

调研对象:抽样阜阳及周边地区 20 余家先进制造企业和轴承制造企业,权威部门、网站公布人才需求状况,社会和区域经济发展的"十二五"规划纲要等。

调研方式:专业教师通过深入合作企业生产一线实践锻炼,学生企业顶岗实习跟踪,毕业生就业与发展情况跟踪,网上发布问卷,召开行业企业专家座谈会,参加中国轴承工业协会年会、江淮机电理事会,参观临清轴承市场等多种形式。

一、人才需求调研概述

(一)相关行业背景调研

面对制造业全球化激烈竞争的挑战,我国制造业由"制造大国"向"创造大国"的战略转型,必须加快推动中国制造企业实施制造业信息化。用信息化带动制造业现代化,用现代化的高新技术改造传统制造产业,大力推广应用先进制造技术,促进制造业和区域经济社会的跨越式发展。

1. 安徽省的先进制造业

《安徽省国民经济和社会发展第十二个五年规划纲要》明确指出,加快新型工业化进程,构建现代产业体系,把培育壮大新兴产业和改造提升传统产业紧密结合起来,新增一批千亿元产业,打造一批千亿元企业,培育一批千亿元园区,加快新型工业化进程。机械制造业是发展的重点方向,全面提高制造业国际竞争力,力争到 2015 年实现机械设备产业年销售收入突破 1 万亿元。

安徽省制造业发展非常迅速,致力于"打造制造业强省","十二五"期间大力发展六大支柱产业,其中机械设备产业重点发展汽车、船舶、机床和关键设备,机械设备产业销售收入突破 1 万亿元。汽车已形成以江淮汽车、奇瑞汽车、中航开乐汽车等为龙头的汽车制造基地:安徽江淮安驰汽车、中航安徽开乐专用车、阜阳市农业机械、阜阳轴承等已形成重要基地。数控机床制造在阜阳临泉已形成较大的生产基地。据统计,其数控技术生产岗位人才需求数量排在安徽省第二位。安徽人才网数据统计显示,安徽省制造业用人需求 86 万,但是实际求职的约 39 万人,供需比不到 50%,其中很多技术水平以普工为主,难以满足企业的要求。

《阜阳市国民经济和社会发展第十二个五年规划纲要》指出,要推进工业结构优化升级,做大、做强新材料、煤炭化工、生物医药等优势产业,改造提升机械、冶金、建材、纺织服装等传统产业,协调发展其他产业。工业强市战略,始终坚持工业强市主战略不动摇,以新型工业化为方向,以壮大产业规模为着力点,提升产业层次,优化规模结构,改造提升优势产业,积极培育新兴产业,进一步提高工业对经济发展的贡献率和带动力,打造轴承制造业的基地。

先进制造技术的核心技术是数字化制造,数控机床就是典型代表,更是改造传统制造业的有效手段。而数控技术是数字化制造的最主要的组成部分,是支持现代装备制造业的关键技术群,它直接决定制造装备的功能和性能,是信息化带动工业化进程中装备层的关键技术,属于支持先进制造技术的重要基础技术群。大力发展数控机床是国家的战略需求,也是推动装备制造业技术进步和振兴阜阳工业的重要方法。

2. 阜阳市的先进制造业

阜阳市地处我国中东部重点开发地带——中原经济圈的安徽西北部地区,在合肥、武汉、郑州、徐州四大城市的中心,有 4 小时经济圈之说。在中原经济圈的经济发展格局中的地位日益突出。阜阳市是生产轴承、叉车、粮食机械、医疗器械、矿山机械、农业机械、纺织机械、汽车及零部件等机械设备的重要之地,规模以上机械设备制造企业 212 家。目前大型企业中,已有中航开乐、轴研科技等多家上市企业在阜阳落户,主要生产特种汽车、精密轴承等设备。这些制造企业的生产广泛应用数控机床及数控技术。

阜阳地区模具制造业也非常发达,主要为汽车零配件业、渔具制造业、家电制造业、纺织机械制造业、汽车制造业、电机制造业及医疗器械制造业提供模具装备,模具行业的快速发展需要大量数控加工设备做保障。

机械制造作为阜阳市六大支柱产业之一,产业背景的变化呈现以下特点:产品结构提升、产品特征变化、技术领域转移、企业需求细分。据阜阳市劳动和社会保障局统计数据表明:随着区域经济的不断发展,在未来三年内,阜阳市对数控技术高技能人才的年需求量在 1~1.2 万人。

3. 轴承行业的地位

2013 年我国轴承制造业销售收入 1200 亿元,居世界第三位。大部分轴承企业使用数控机床生产,但自主创新能力、产品开发能力、产品质量和制造水平与国际知名公司差距较大。阜阳市已形成了以轴承加工、汽车、农业机械、数控机床等为主体的格局,成为中部的轴承生产和研发基地。

日本精工高端轴承生产基地项目投资总量大、产业关联度强、市场前景好,对进一步完善我市在高端装备领域的研发和制造能力,提升汽车、家电等优势产业的配套能力,提高合肥经济的外向度和美誉度,推动我省产业转型升级和战略性新兴产业的发展,加快建设现代产业基地,具有十分重要的意义。作为世界领先、亚洲第一的轴承生产厂商,投入 3 亿美元,选择合肥作为公司发展重要区域,日本精工株式会社将引进最尖端的自动化设备和高新技术,以优异的品质提供高品质的产品。实现年销售总额约 30 亿元人民币,每年纳税不少于9000 万元人民币/年。

阜阳轴承有限公司是中国机械工业集团下属的轴承制造企业,属于国家二级企业,是中国轴承行业培育的“小巨人”企业。现有员工 1160 人,产品质量保证体系健全,有 8 大类 800多个品种,年生产 2000 多万套,畅销欧美和东南亚等三十多个国家和地区。公司目标做中国规模最大的新型农业装备轴承,做国内品种最全的低噪音轴承,做国内品质最好、品种最全的汽车轴承。

（二）专业人才需求调研

1. 阜阳周边企业人才需求及使用情况

数控技术作为提升制造业整体水平的重要技术支持，需加大其推广应用程度和更加深入的制造业发展改革，各大企业需引进大量的数控设备。先进的数控设备的使用，需要有广泛的专业基础和机械、电气等多种知识，需要专门培训，才能胜任。因而产生了一些新型职业工作岗位群，为学生提供了更多就业岗位；同时，随着数控编程软件、数控维修软件、三维软件的不断更新，也给学生提供了更具挑战性的发展空间，仅会单纯的数控操作已经不能满足企业需求，对数控技能人才提出了更高的要求。不仅懂得数控技术，而且要懂得企业产品的生产、使用、性能和服务等。为适应当前轴承制造业的快速发展需求，大批企业开始进行轴承设备的数字化技术应用，也迫切需要数控技术专业的高素质技能型人才，抽样调查阜阳及周边地区 20 余家企业的具体人才需求情况见附表 1.1。

附表 1.1　企业工作岗位年专业人才需求状况统计表

序号	企 业 名 称	企业工作岗位专业人才需求状况								
		普通机床操作工	数控机床操作工	工艺员	程序员	质检员	装配工	数控设备维修工	管理员	轴承制造
1	阜阳轴承有限公司	3	30		4	10		4		30
2	阜阳鼎铭汽车配件有限公司	4	4		1		5	1	1	
3	阜阳华峰精密轴承有限公司	2	10	1	1			1		20
4	安徽临泉智创精机有限公司	4	4	1	2		6	6		
5	阜阳兴华叉车有限公司	1	10	2	2	1		2		
6	安徽阜阳速发机械制造有限公司	3	3	1	1		4	1		1
7	JAC 江淮安驰汽车有限公司	20	10	5	1		10	30		
8	安徽奥德矿山机械有限公司	5	20	2	3		4	3	2	1
9	阜阳轴研轴承有限公司	2	20	1	10	2	4	1		100
10	昊源化工集团有限公司	2	2	1	1		2	40		
11	安徽君安汽车配件有限公司	2	8	2	1			20		
12	安徽精工轴承有限公司	10	10	1	2	2	4		2	20
13	合肥明珠轴承有限公司	8	20					2		30
14	万象集团淮南轴承有限公司	2			2		3			30
15	日本精工 NSK 合肥基地		100	1	2	10	20	100		200
16	合肥轴承有限公司		20	2			1	2	1	50

序号	企业名称	企业工作岗位专业人才需求状况								
		普通机床操作工	数控机床操作工	工艺员	程序员	质检员	装配工	数控设备维修工	管理员	轴承制造
17	合肥远大轴承锻造有限公司			4	1		1			1
18	六安滚动轴承有限公司		20	2	3				1	
19	合肥鑫辰轴承有限公司	8	12	1	1	1	3	4		3
20	合肥三利轴承有限公司		20	1	3	2	5		1	7
21	合肥龙隆特种轴承有限公司		10	1				10	1	10
22	合肥迪尼奥轴承有限公司	3	6		1		3	2		18
23	芜湖明远轴承锻造有限公司		8					4		20
24	芜湖宏业轴承制造有限公司		13					3		20
25	蚌埠飞宇轴承有限公司	2	15					2		35
	合　计	81	360	31	40	31	72	238	9	596

从轴承人才需求调研可以看出,轴承企业对专业人才需求量较大的工作岗位依次为轴承制造、数控机床操作工、机床操作工、数控设备维修工、程序员、工艺员、钳工,而质检员、管理员与其他岗位人才需求较少。而且上述企业都纷纷表示,虽然大部分普通机床操作工能通过中等职业教育培养,但这些设备将会逐步被淘汰,需要高素质技能型操作人才来充实轴承企业生产第一线,才能使得设备发挥先进性的优势,同时提升企业员工的整体素质,满足设备使用、维护维修、更新管理及技术升级等方面的需要。

2. 全国轴承制造行业的人才需求

全国规模以上轴承企业从业人员中,既懂数控技术又从事轴承制造的员工不到1%。广泛使用高效、低耗、自动化装备是轴承产业转型升级的必由之路。尤其是哈尔滨、洛阳、瓦房店、浙江新昌和山东临清地区,轴承及制造业的人才需求缺口较大。

3. 轴承人才的供给情况

目前在所有中国的企业中既懂数控机床,又懂轴承的人才很少。通常轴承行业的技术人员都是从制造行业里慢慢培养出来的,而且需要相当长的时间培养。

(三) 岗位工作任务调研

为了确定数控技术专业(轴承方向)学生的就业面向问题,阜阳职业技术学院对上述企业工作岗位上的技术骨干、生产一线的管理及操作人员(含毕业生)进行了岗位工作任务问卷调查,共发放调查问卷 280 份,收回 230 份,调研结果归纳整理如附表 1.2 所示。

附表 1.2　数控技术专业工作岗位具体工作任务汇总表

主要工作岗位	具体工作任务	备注
数控机床操作工	识读零件图、毛企图、转配图、工艺图等	会操作和调试数控机床联机自动生产线
	选用各种刀具,包括砂轮	
	简单夹具设计,包括加工	
	使用工具、夹具、量具,包括调试	
	操作数控机床:确定切削参数、开机、输入程序、装夹找正工件、试切对刀、常规检查与日常维护、加工误差分析、机床常见故障的识别与排除、安全文明生产等	
	整理生产现场:零部件及工艺装备摆放,现场卫生清理,交接班情况记录,工作计划制订等	
普通机床操作工	识读零件图、毛企图、转配图、工艺图等	作为基本技能
	选用刀具,包括磨刀	
	简单夹具设计,包括加工	
	使用工具、夹具、量具	
	操作普通机床:确定切削参数、开机、装夹找正工件、对刀试切、常规检查与日常维护、加工误差分析、机床常见故障的识别与排除、安全文明生产等	
	整理生产现场:零、部件及工艺装备摆放,现场卫生清理,交接班情况记录,工作计划制订等	
数控设备维修工	识读零件图、装配图、电气图等	能独立检测、判断和维修、机械、电器、气液和系统故障
	使用工具、夹具、量具、调试	
	常用数控设备的常规检查与日常维护保养	
	常用数控机床的安装、调试与性能检验	
	常用数控机床安装施工作业方案、生产线(装配工艺)的制订	
	数控机床维护及其常见故障的诊断与拆装、维修、安全文明生产等	
	整理生产现场:工件、工艺装备摆放,现场卫生清理,交接班情况记录,工作计划制订等	
	使用工具、量具、调试、编程及首件试切	
	部件装配、钳工修配	
	整理生产现场:零、部件及工艺装备摆放,现场卫生清理,交接班情况记录,工作计划制订等	

主要工作岗位	具体工作任务	备注
程序员	识读零件图、装配图	毕业生熟练掌握一种以上的 CAD/CAM 软件应用
	选择毛坯、加工工艺	
	选用机床、刀具、工具、夹具(通用、组合及专用夹具)、量具	
	图纸数字处理、简单专用夹具设计	
	确定切削参数、热处理方案	
	查阅并贯彻相关标准,会使用三维软件	
	典型零部件机械加工(装配)工艺规程制定,并填写工艺文件、工艺优化,数控加工程序编制,零部件的三维造型及其仿真加工	
	整理生产现场:生产现场工具、资料摆放及卫生清理、工作计划制订等	
工艺员	识读零件图、装配图	
	选择毛坯、编制加工工艺方案	
	选用机床、刀具、工具、夹具(通用、组合及专用夹具)、量具	
	图纸数字处理、简单专用夹具设计	
	确定切削参数、热处理方案	
	查阅并贯彻相关企业、行业标准	
	典型零部件机械加工(装配)工艺规程制定,并填写工艺文件、工艺优化	
	整理生产现场:工作现场工具、资料摆放及卫生清理、工作计划制订等	
装配工	钳工基本操作:画线、单孔加工、锉削、攻螺纹和套螺纹、电焊、气焊、钻头刃磨	毕业生熟悉轴承装配过程和关键要素
	使用工具、量具	
	部件装配、钳工修配	
	整理生产现场:零部件及工艺装备摆放,现场卫生清理,交接班情况记录,工作计划制订等	
质检员	识读零件图、装配图	毕业生需在熟悉企业实际生产情况,具备生产实践经验后才能胜任的岗位
	选用量具检测零部件并进行抽样检验、统计分析	
	使用三坐标测量仪检验零部件	
	制定常用检测设备的操作规程,检测轴承的各个加工阶段的检测	
	制定检验文件并出具检验报告,硬度的检测	
	常用检测设备的日常保养、维护与维修等	

主要工作岗位	具体工作任务	备注
管理员	统筹调度车间生产,制订工作、人员安排计划,参与车间规章制度的修订等	毕业生需在熟悉企业实际生产情况,具备生产实践经验后才能胜任的岗位
管理员	查阅并贯彻相关标准,实施全面质量管理、制定质量过程管理措施、质量分析与控制等	毕业生需在熟悉企业实际生产情况,具备生产实践经验后才能胜任的岗位
管理员	查阅并贯彻相关标准,实施全面质量管理、贯彻设备管理措施规章制度,制定贯彻设备管理具体措施,制订设备维修计划等	毕业生需在熟悉企业实际生产情况,具备生产实践经验后才能胜任的岗位
轴承制造技术员	分析轴承的材料、热处理及应力控制	毕业生需在熟悉企业实际生产情况,具备生产实践经验后,才能胜任的岗位
轴承制造技术员	完成轴承套圈的车削加工,生产线的调试、使用、保养和维修,产品的质量检测与控制	毕业生需在熟悉企业实际生产情况,具备生产实践经验后,才能胜任的岗位
轴承制造技术员	完成轴承套圈的磨削加工,生产线的调试、使用、保养和维修,产品的质量检测与控制	毕业生需在熟悉企业实际生产情况,具备生产实践经验后,才能胜任的岗位
轴承制造技术员	完成轴承装配,生产线的调试、使用、保养和维修,产品的质量检测与控制	毕业生需在熟悉企业实际生产情况,具备生产实践经验后,才能胜任的岗位

针对上述各个岗位的具体工作任务,根据专业岗位特点及企业实际生产岗位的工作目标,从表中总结提炼出岗位典型工作任务,形成 SP - CDIO 项目,作为数控技术专业学习的载体,并且应用到新的人才培养方案的修订中去。

(四)岗位职业能力调研

随着数控技术的不断进步,数控机床设备的广泛使用、生产线的不断连接及技术的不断升级,对数控技能人才提出了更高的要求,企业急需大量面向生产加工第一线,熟悉数控加工技术(硬件与软件),懂得轴承制造的全过程,具备数控机床操作、数控加工工艺编制与编程、数控机床安装、调试与维护、轴承装配等岗位工作的高素质技能型人才。

在明晰专业岗位职责的基础上,将岗位职业能力汇总如下:

数控机床操作能力:精通机械(轴承套圈)加工和数控加工工艺知识,熟练掌握数控机床(生产线)的操作和手工编程,了解自动编程和数控机床的简单维护维修。

机械加工工艺编制与数控编程能力:掌握数控加工工艺知识和数控机床的操作,掌握简单夹具的设计和制造专业知识,熟练掌握三维 CAD/CAM 软件,熟练掌握数控手工和自动编程技术。

数控机床维护、维修能力:掌握数控机床的机械结构和机电联调,掌握数控机床的操作与编程,熟悉各种数控系统的特点、软硬件结构、PLC 和参数设置,精通数控机床的机械和电气的安装、调试和维护(维修)。

轴承制造能力:掌握轴承套圈加工的各个环节及关键技术,掌握数控机床的加工轴承套圈的技术,熟悉轴承车削和磨削生产线的使用特点,精通数控机床(轴承生产线)的机械和电气的安装、调试和维护等。

由于企业工作岗位内容、要求的不断变化,从业者需具备多方面的知识和能力。通过调研发现,企业对毕业生不仅需要专业技术技能,而且特别强调敬业精神、合作竞赛、创新意识、自我学习能力,对解决实际问题的能力更为重视。从对企业的问卷调查结果分析,主要统计数据如附表 1.3 所示。

附表 1.3　用人单位录用员工考虑的主要因素一览表

用人单位考虑因素	信息获取能力	制订计划能力	计算机、文字处理能力	总结汇报能力	交际沟通能力	创新、学习能力	合作协调能力	专业技术技能	解决问题能力	敬业精神
所占比例	7.7%	12.5%	21.4%	25.4%	35.5%	42.3%	50.2%	63.4%	66.4%	80.2%

二、调研分析

(一) 专业服务面向分析

阜阳市是生产轴承、叉车、粮食机械、医疗器械、矿山机械、农业机械、纺织机械、汽车及零部件等机械设备的重要工业城市,目前已形成区域制造业中心:汽车及零部件已基本形成 30 万辆 SUV 汽车、轴承 5000 万套,特种车辆(水泥罐车、食用油罐车、液化气罐车、半挂卡车、垃圾装运车)20 万辆、50 万套汽车配件生产能力;专用机械及成套设备设计门类广泛,加工制造优势明显;智创精机、速发机械、奥德矿机、兴华叉车、海歆电器、三江炉具和纺织机械已形成近 20 家国内知名企业的集群。

阜阳地区是模具制造业非常发达的地区,主要为汽车零配件业、炉具制造业、家电制造业、纺织机械制造业、电机制造业及医疗器械制造业提供模具装备。

基于阜阳及周边地区数控技术专业(轴承方向)人才需求调研分析和众多中小型企业提出的共性发展需求,数控技术专业(轴承方向)培养的学生以服务阜阳及周边地区机械制造企业人才需求为出发点和落脚点,辐射安徽乃至全国相关企业,同时凸显培养学生为区域经济服务的主导方向。

立足阜阳区域经济发展,综合分析合作企业岗位专业人才需求情况,确定了数控技术专业(轴承方向)的主要就业岗位是:机械加工工艺编制与数控编程、数控机床操作和数控机床安装、调试与维护和轴承制造,如附表 1.4 所示。

附表 1.4　就业岗位及职业资格分析表

序　号	就业岗位	职业资格	备　　注
1	机械加工工艺编制与数控编程	数控工艺员、数控程序员	工艺编制、数控加工程序编制(车间一线)
2	数控机床操作	数控机床操作中、高级工	(数控)车、铣加工中心等(车间一线)
3	数控机床安装、调试与维护	维修电工、数控维修工	机床设备为主(车间一线)
4	轴承制造	轴承装配工、磨工	轴承套圈加工、装配、检测,生产线应用

（二）专业培养目标分析

数控技术专业（轴承方向）岗位职业能力调查结果显示,轴承制造企业生产岗位需求量最大的就是能从事轴承生产设备的操作、数控加工工艺编制与编程、数控机床维护与维修的生产一线员工,且企业对员工素质结构调整期望高。另外,通过对数控技术专业（轴承方向）毕业生进行跟踪调查,研究学生的岗位升迁、职业发展目标,结果显示,专业毕业生工作一年以后,60％以上从事轴承生产设备的操作、工艺编程、设备维护维修一体化的工作岗位;工作两年以后,50％以上从事轴承自动生产线、数控铣床、四轴联动机床操作岗位,约10％从事建模与编程,15％左右从事检测工作岗位。

因此,确定专业人才培养发展目标如附图 1.1 所示。

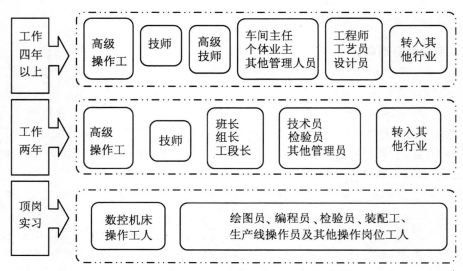

附图 1.1　专业人才培养发展目标

（三）专业典型工作任务分析

在分析毕业生面向的就业岗位及岗位群诸多工作任务的基础上,通过与企业的一线操作、管理人员及技术人员一起分析讨论,归纳出八项专业岗位典型工作任务,分别为:

（1）手工制作与装配机械产品;

（2）普通机床操作、使用与维护;

（3）数控机床、自动生产线的零件加工、设备维护;

（4）加工工艺编制与编程;

（5）零件拆测与简单工装设计;

（6）数控机床、自动生产线安装与调试;

（7）产品质量检验;

（8）企业管理。

（四）岗位职业能力分析

通过对数控技术专业（轴承方向）毕业生及企业数控操作人员所从事的主要工作任务、职业发展历程的调研,我们分析归纳出数控技术专业（轴承方向）就业岗位的典型工作任务所要求的职业能力,具体见附表 1.5。

附表 1.5　工作任务与职业能力分析表

序号	典型工作任务	具体工作任务	职　业　能　力
1	手工制作与装配机械产品	简单零件手工制作与装配	1-1　钳工基本操作:锯、锉、刮、铲、抛光等 1-2　独立提交作品:实训作品(刀口角尺、小金属工艺品) 1-3　会使用量具,进行工件测量 1-4　会刃磨钻头 1-5　会手工电焊、气焊的基本操作 1-6　读懂中等复杂程度的零件工作图 1-7　掌握相关金属材料的性质、切削加工性能等 1-8　进行部件装配、钳工修配
2	普通机床操作、使用与维护	普通车床的操作与维护	2-1　独立进行典型零件的加工 2-2　掌握金属材料的性质、切削加工性能等 2-3　正确选用车刀和采用合适的切削用量
		普通铣床的操作与维护	2-4　会选用、使用夹具,并能正确进行找正 2-5　会选用、使用量具,进行工件测量 2-6　会正确选用切削液 2-7　会刃磨车刀
		其他普通机床加工设备的操作与维护	2-8　各类机床的维护与保养 2-9　熟悉车床、铣床等机床的种类、特点、结构形式、加工范围等
3	数控机床、自动生产线的零件加工、设备维护	数控车床使用	3-1　熟悉数控车床、数控铣床等的结构和使用范围 3-2　掌握数控机床的操作 3-3　掌握数控车削的加工内容和数控编程 3-4　工件定位与夹紧
		数控铣床与加工中心使用	3-5　刀具准备,量具选用 3-6　正确选用切削液 3-7　加工精度检验与误差分析 3-8　数控机床的维护与保养 3-9　独立进行典型零件的加工
		自动生产线使用	3-10　轴承套圈车工、磨工生产线的调试及使用 3-11　轴承装配生产线的调试及使用 3-12　轴承质量检测

序号	典型工作任务	具体工作任务	职　业　能　力
4	加工工艺编制与编程	加工工艺编制	4-1　对图纸进行数学处理 4-2　正确选用通用夹具及误差分析 4-3　设计简单专用夹具及误差分析 4-4　熟悉淬火、时效、退火、正火、调质等热处理的使用和影响 4-5　编制典型零件的机械加工工艺规程 4-6　对零件的加工工艺进行合理性分析,并提出改进建议 4-7　掌握各种加工设备的性能特点及参数
		数控加工程序编制	4-8　对现有的夹具进行误差分析并提出改进建议 4-9　填写机械加工工艺文件,编制机械装配工艺规程 4-10　核算工件的原材料成本、工件加工成本、设备折旧成本 4-11　能手工编程、进行自动编程,进行数控机床操作 4-12　按设计要求和工艺需要确定质量控制点 4-13　掌握先进制造技术在机械制造领域的应用 4-14　制定零件的数控加工工艺,实现车、铣、钻等零件编程与加工 4-15　编制特殊工艺作业指导书
5	零件拆测与简单工装设计	5-1　机械零件拆测与制图	5-1-1　按正确顺序拆装典型零部件 5-1-2　合理选用拆装工具 5-1-3　正确使用量具、工具进行典型零件测绘,并用CAD软件绘制机械零件图、三维造型 5-1-4　用CAD软件(UG)绘制产品装配图、三维造型 5-1-5　将产品装配图拆分为产品零件图
		5-2　工装、刀具、夹具、工具的选用、相关设计	5-2-1　熟悉简单机械的设计过程 5-2-2　用CAD软件绘制机械零件图、装配图、三维造型 5-2-3　掌握简单工装的结构与选用 5-2-4　用CAD软件绘制、设计简单工装

续表

序号	典型工作任务	具体工作任务	职　业　能　力
6	数控机床、自动生产线的安装与调试	数控车床的安装与维护	6－1　编制安装施工作业方案、装配工艺及工作进度表 6－2　借助词典看懂进口数控设备相关外文铭牌及使用规范的内容 6－3　看懂机床资料,组装机床零部件 6－4　正确连接机床控制线路,能进行数控机床调试与性能检验
		数控铣床的安装与维护	6－5　进行机床数控系统的连接与调试 6－6　进行数控系统数据、参数的备份与通信传输 6－7　会填写安装及试验记录,能进行数控机床的维护保养 6－8　加工前对数控机床的机、电、气、液开关进行常规检查
		数控磨床的安装与维护	6－9　进行数控机床的日常保养 6－10　阅读编程超程、欠压、缺油等报警信息,排除一般故障 6－11　根据说明书及使用情况编制数控车床维护保养方案 6－12　根据数控机床的结构、原理,诊断并排除液压及机械故障
		其他加工设备的安装与维护	6－13　进行数控机床定位精度、重复定位精度及工作精度的检验 6－14　机床维护知识;液压油、润滑油的使用知识;液压、气动元件的结构及其工作原理等
7	质量检测与产品质量监控	7－1　轴承等零部件检测	7－1－1　熟悉典型零部件的构造 7－1－2　正确选用量具进行零部件检测操作 7－1－3　使用三坐标测量仪检验工件 7－1－4　根据测量,分析加工误差的主要原因,并提出改进措施 7－1－5　进行产品抽样检验,建立质量管理图并进行统计分析 7－1－6　进行检测设备的日常保养 7－1－7　进行检测设备的简单维护维修
		7－2　检测结果报告	7－2－1　熟悉文件编制的方法 7－2－2　会填写检验报告 7－2－3　分析检测结果
		7－3　检测设备操作规程编制	7－3－1　熟悉产品检测的方法 7－3－2　熟悉检验文件编制的要求 7－3－3　熟悉常用检测设备、量具的操作 7－3－4　会撰写检测设备操作规程

序号	典型工作任务	具体工作任务	职 业 能 力
8	企业管理	8-1 生产管理	8-1-1 组织有关人员协同作业 8-1-2 协助部门领导进行计划、调度及人员管理 8-1-3 制定机械制造车间的规章制度
		8-2 质量（技术）管理	8-2-1 应用全面质量管理知识,实现操作过程的质量分析与控制 8-2-2 提出工艺、工装、编程等方面的合理化建议
		8-3 设备管理	8-3-1 熟知设备管理的行业规章制度 8-3-2 熟悉常用设备的种类、性能、特点、结构形式、加工范围等 8-3-3 制订设备维修计划和维修方案

除此之外,数控技术专业(轴承方向)就业岗位的所有典型工作任务还应具备以下通用职业能力:

(1) 能识读机械零件图、工艺图、装配图、电气原理图、PLC 地形图;

(2) 能查阅、贯彻和使用相关国家标准和行业标准;

(3) 能进行轴承生产现场的整理、整顿、清洁、清扫、安全等 5S 管理;

(4) 能贯彻安全操作规范,实现文明生产和组织项目实施;

(5) 能组织小组讨论工作方案,合理分配工作和生产任务。

三、调研结果及建议

(一)专业培养目标

综合以上调研情况的考虑,我们将数控技术专业(轴承方向)培养目标定位为:面向皖北地区中小型机械装备制造企业生产、管理一线,培养拥护党的基本路线,德、智、体、美全面发展,掌握数控加工基本理论和专门知识,能运用数控加工及逆向工程技术,以计算机和CAD/CAM 软件为主要信息工具,从事轴承及机械加工工艺编制和数控编程及数控机床操作、安装、调试与维护等岗位工作的高素质技能型人才。

随着区域经济的快速发展,行业产业技术不断进步,人才需求也会在不同的历史时期有所变化。建议根据经济发展、市场变化及企业的需求等,定期修订人才培养目标。

(二)专业培养规格

为全面实现专业培养目标,综合分析以上内容,我们规划出数控技术专业的人才培养规格,详见附表 1.6。

附表 1.6　数控技术专业人才培养规格一览表

培养规格		具体要求
基础知识	综合知识	在一定的高数知识、外语知识及计算机、网络知识基础上,掌握机械识图与制图、机械技术基础、机械加工工艺和数控编程及数控机床操作、安装、调试与维护等数控加工基本理论和专门知识,SP-CDIO 项目的实施过程等
专业能力	专业能力	**加工工艺编制与实施能力**　机床与工艺装备的选用、设计能力;工艺设计能力;工序的评价能力;加工质量分析与评价能力;成本分析与工艺优化能力;整理生产现场、资料的能力等
		数控加工程序编制能力　数控设备与数控加工技术的认知;产品工艺分析的能力;数控加工程序编制的能力;程序分析、校验的能力;整理生产现场、资料的能力等
		数控机床、自动生产线的操作能力　选用刀具和切削液的能力;输入并调试程序的能力;装夹工件与对刀的能力;输入机床参数的能力;超程解除的能力;数控辅助设备操作的能力;断点保护的能力;整理生产现场、资料的能力等
		数控机床、轴承生产线的安装、调试与维护能力　数控机床重要部件与正常状态认知能力;数控机床、轴承生产线的安装与调试的能力;准确检测相关静态、动态状态或数值的能力;数控机床精度校验与调整的能力;数控机床维护与保养的能力;数控机床常见故障报警分析的能力;整理生产现场、资料的能力;设备档案及交接班记录的能力等
	方法能力	独立学习能力、数字应用能力、项目管理能力、计算机应用能力、信息处理能力、职业生涯规划能力及自我控制、管理与评价能力,SP-CDIO 项目完成能力等
	社会能力	团队协作能力、交际与沟通能力、创新能力、身心健康、具有从事职业活动所需的行为规范与职业道德、良好的心理素质和克服困难的能力及坚忍不拔的毅力等
职业素养	基本素质	思想道德:有正确的政治方向,有坚定的政治信念;遵守法律和校规校纪;爱护环境,讲究卫生,文明礼貌;为人正直,诚实守信等; 文化素质:有科学的认知理念、认知方法和实事求是、勇于实践的工作作风;自强、自立、自爱;有正确的审美观;爱好广泛,情趣高雅,有较高的文化修养等; 心理素质:有切合实际的生活目标和个人发展规划,能正确看待现实,主动适应现实环境;有正常的人际关系和团队合作精神;积极参加体育锻炼和学校组织的各种文化体育活动,达到大学生体质健康合格标准等
	职业素质	职业道德:遵守有关法律、法规和规定,具有高度责任心,爱岗敬业、正直无私、廉洁自律、勤俭节约、爱护公物、坚持原则;具有较强的安全生产、环境保护意识等; 行为规范:严格执行相关标准、工作程序与规范、工艺文件和安全操作规程;学习新知识、新技能,勇于实践、开拓和创新;能正确择业与就业,尊重师长、团结同事、吃苦耐劳、热爱集体、着装整洁、文明生产等

　　通过分析不难看出,企业对岗位员工的能力需求是多方面的,既要满足职业能力的要求,更要具备职业综合素质,因此要加强学生职业素养的培养。但是这是一项漫长的事情,同时又需要适合的环境和恰当的方法。

(三) 专业课程设置

　　为适应数控技术专业人才培养规格需要,为培养出学生的核心竞争力和发展潜能打好基础,本专业应合理设置人文素养课程和职业素养课程。强调基础课程的重要作用、加强职业生涯规划指导和 SP - CDIO 各级项目的落实等;在提高职业稳定性、较强的团队合作精神方面,SP - CDIO 各级项目的实施是关键,让学生行动起来,在行动中提高能力(Skill),强调学生的职业行动能力的培养;在锻炼、提高实践动手能力方面,社会实践、校中厂实训、顶岗实习是保障,开展做中学。结合 SP - CDIO 各级项目,开展校企合作,提高人才培养的时效性。

　　在确定人才培养目标与规格的基础上,按照职业成长规律和学生认知规律构建基于岗位(群)课程体系,其开发流程如附图 1.2 所示。

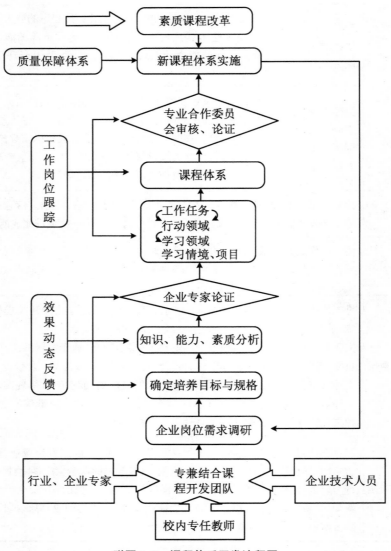

附图 1.2　课程体系开发流程图

从职业认知、职业兴趣培养,到单项技术技能的培养,再到综合职业能力培养。职业能力课程的教学内容包括数控编程与操作、滚动轴承磨削工艺、数控机床故障诊断与维修技术、CAD/CAM 应用技术等,依托专业校内外实训基地、合作企业,进行能力递进的高素质技能型人才的培养。同时精选职业拓展课程和 SP－CDIO 项目,在较短学习时间内尽量满足学生多元化的学习需求选择,充分调动学生的学习主动性和积极性,促进学生个性健康发展,实现学生就业竞争力和发展潜能的不断提升。

通过调研、分析、归纳、总结,结合专业建设合作委员会的建议,从以下几方面入手实施数控技术专业人才培养:

1. 推进"四双四共"运行机制

建立并完善有效的运行保障机制、科学的质量保障机制和规范的管理制度体系,确保专业人才培养方案顺利实施,尤其是"校中厂"和"厂中校"的运行机制和各种制度的落实。

制订合作建设专业的实施细则,以"数控技术教学工厂"和"阜阳轴承 TCC 教学区"为依托,推进"四双四共"机制建设,专业建设双带头人、师资互聘双重考核、培养方案双方论证、实习实训双边合作;实训基地共建互享、培养培训共同参与、研发服务共同投入、质量评价共同实施。

2. 打造 SP－CDIO 工学结合人才培养模式

以高职学生为主体对象,以人文素质培养为基础,职业素质养成与职业技能培养融为一体;加强校企合作,打造 SP－CDIO 工学结合专业人才培养模式,认真实施各级项目的构思(C)、设计(D)、实施(I)和运作(O)等环节,使学生在校期间就积累实际工作经验,提高专业技术技能(S),获得职业素养(P)的系统化培养,使学生在人才培养过程中能力梯次递进,就业核心竞争力和可持续发展潜能逐步提升。

3. 构建"面向企业,项目递进"的课程体系

按照职业成长规律和学生的认知规律,搭建"面向企业,项目递进"课程体系框架结构;加强校企合作,实现工学一体,以职业岗位需求和工作过程设定课程体系的教学内容和 SP－CDIO 项目内容;以工学一体方式设定教学的形式,课程与校内外技能实训相互融合,建立与积累与岗位工作过程有关的工作经验;注重职业能力及职业素质培养的阶段深化、全程贯穿;搭建专业平台课程和项目,全面带动专业群建设。

4. 打造双师结构教学团队

为了全面实现专业培养目标,必须强化专业教师的实践能力培养。同时要更多地从企业聘用有丰富的现场经验、组织能力强的数控技术人员作为兼职教师充实教师队伍,不断加强双师素质师资队伍的建设。

以高素质双师团队为标准——建设师资队伍。以国家级优秀教学团队为目标,聘任 1 名、培养 3 名专业带头人;培养理论水平高、社会服务能力强、影响力大的骨干教师 9 名。使双师素质教师比例达 93% 以上;建设 5 个兼职教师储备基地,兼职教师库超过 64 人,兼职教师承担专业课程学时比例不少于 50%。只有能加强校企合作,实现人才共育、过程共管、责任共担、成果共享的合作育人关系,才能确保兼职教师队伍的稳定性。

5. 建设功能齐全的校内外实训基地

加大数控技术专业校内外实训基地建设,不断完善实训教学内容,提升社会培训和社会服务能力。在设备满足教学实训的前提下,加强实训基地的内涵建设,为学生提供标准的、先进的实习实训环境。以职业性和真实性为特色——建设实习实训基地。以企业职业岗位

要求为标准,按照企业生产和核心课程一体化教学要求,构建教学、实训、鉴定、生产、技术创新一体化的优质教学环境。建成校内综合实训基地 3 个,建成"数控技术教学工厂"(校中厂)1 个,在校外实训基地建立 3 个"厂中校",新建校外实习基地 6 家。充分发挥"校中厂"和"厂中校"对专业人才培养的优势,增加生产性实训项目,加强校企合作,形成资源共享、优势互补、互惠共赢的合作格局。

6. 建设丰富的教学资源库

建立、健全各项教学资源库,以企业真实工作案例为驱动——建设优质教学资源库。聘请安徽临泉智创精机有限公司、阜阳轴承有限公司、芜湖甬微集团等企业专家,按企业岗位要求,制定课程标准,按工作过程及工作任务,以课程为单位,通过从简单到复杂,从单一到综合的工业案例,开发企业真实案例库。提高数字资源的利用率,用多种形式表现教学内容的丰富内涵,不断提高教学效果;同时扩大数控技术服务中心功能和服务范围。

7. 提升社会服务能力

以促进轴承产业经济发展为目标——提升社会服务能力。组建数控技术科研团队,开展数控机床轴承加工技术攻关、数控机床技术服务、数控机床应用技术培训等项目。建设期内,使得培养的学生有 50% 以上在阜阳本地就业。开展横向课题研究,专利申报,技能鉴定和社会培训,为对口支援学校培训骨干教师,指导对口支援学校开展制造类专业建设、联合培养学生等。

附录二　数控技术专业毕业生跟踪调研报告

为适应区域经济和社会发展对职业技术人才的需求,适应安徽产业发展对数控技术(轴承方向)人才的需求,准确定位数控技术(轴承方向)人才的培养目标和人才规格,了解毕业生对数控机床操作与应用的知识结构、能力结构、课程设置体系以及实践教学环节设置等的意见,听取各类用人单位及利益相关者对我校数控技术专业(轴承方向)的人才培养的评价和建议,动态跟踪本专业教学和管理效果,检验办学整体水平,进一步创新"SP‑CDIO"人才培养模式,改革教学内容、教学方法和教学手段提供科学依据,特根据阜阳职业技术学院《毕业生跟踪调查实施制度》规定,组织人员对阜阳职业技术学院2012届、2013届数控技术专业的毕业生跟踪调查,情况报告如下:

一、调查工作小组

在学校就业指导中心指导下,工程科技学院成立调查工作小组:
组长:李平(负责指导、监督、协调等)
成员:刘贺崇、杨辉、许光彬、张宣升、葛士强、陈非、王宣(落实各项任务)

二、调查范围

阜阳职业技术学院数控专业2012届、2013届毕业生共220名。
基本情况如下所示:

毕业年份	毕业班级	毕业人数(人)	就业率(%)	抽样比率(%)	抽样人数(人)	调研企业数(家)	备注
2012	1	32	99	20	6	2	
	2	32	96	20	6	2	
2013	1	33	98	18	6	1	
	2	45	99	24	10	3	
	3	43	98	24	9	2	
	4	35	97	18	6	2	

三、调研内容

(一) 毕业生就业情况调研分析

(1)阜阳职业技术学院数控技术专业的毕业生工作环境、工作岗位、岗位工作内容调研;

(2)阜阳职业技术学院数控技术专业的毕业生实际工作能力、发展前景情况调研;

(3)阜阳职业技术学院数控技术专业的毕业生要求及其工资待遇和福利情况调研;

(4)阜阳职业技术学院数控技术专业的毕业生对改进本专业人才培养模式和教学管理的意见和建议;

(5)阜阳职业技术学院数控技术专业的毕业生的其他方面的建议和意见等。

（二）毕业生就业单位调研分析

（1）企业用人单位对阜阳职业技术学院数控技术专业的毕业生综合素质（包括思想道德品质、职业道德素质、专业素质等）的评价；

（2）企业用人单位对阜阳职业技术学院数控专业人才的需求和建议；

（3）企业用人单位对阜阳职业技术学院数控专业人才培养模式和教学管理的意见和建议；

（4）企业用人单位的其他建议等。

四、调研方法

（1）阜阳职业技术学院数控专业毕业生和用人单位问卷调查；

（2）阜阳职业技术学院数控专业毕业生和用人单位座谈会，包括成功校友座谈会；

（3）阜阳职业技术学院数控专业毕业生电话访谈：通过打电话、网络与毕业生合作填写跟踪调查表。

五、进度安排

（1）开展调研准备工作：2014 年 6 月 15 日至 2014 年 7 月 15 日；

（2）实施调研过程：2014 年 7 月 15 日至 2014 年 8 月 19 日；

（3）调研结果统计分析：2014 年 8 月 20 日至 2014 年 9 月 20 日。

六、统计分析

（一）本次调研基本情况

1. 问卷调查

调查对象	单　位	实发数	回收数	回收率	有效样本	文档形式
2012 届毕业生	份	63	63	100	63	问卷表
2013 届毕业生	份	60	60	100	60	问卷表
用人单位	份	7	7	100	7	问卷表
合计		130	130	100	130	

2. 座谈会

调查对象	场次	总人数	记录形式	备　注
毕业生座谈会	3	84	会议记录	毕业生回校办离校手续时
用人单位座谈会	3	18	会议记录	毕业生就业洽谈会时
成功校友座谈会	3	22	会议记录	邀请回校或前往校友单位
合计	9	124		

（二）毕业生调查分析

1. 毕业生就业岗位分析（有效样本：64 份）

岗位类别		单位	12 毕业生	13 毕业生	合计	比例％	备注
管理	管理层	人	——	——	——	——	
	管理人员	人	2	3	5	7.8％	
服务	技术服务	人	6	5	11	17.2％	
技术	操作人员	人	16	18	34	53.1％	
	生产辅助	人	——	——	——	——	
其他	营销人员	人	4	5	9	14.1％	
	其他人员	人	2	3	5	7.8％	
合计			30	34	64	100％	

2. 毕业生工资待遇分析（有效样本：38 份）

类别 月薪	技术型 一线操作人员	服务型 编程、维修人员	研发型 研制、开发人员	管理人员	备注
被调查的毕业生平均月薪	2670	3040	——	3100	
行业从业人员平均月薪	2500	3250	——	3300	安徽地区

综合评价：

1. 知识与能力结构

随着企业的生产技术进步和数控机床设备的更新换代，对各层次的数控技术人才提出了新的更高要求。

对于"技术型"数控人才，必须以传统的机械制造技术（金属材料及热处理、切削原理及刀具、机床夹具、机制工艺等）为基础，学习掌握"数控机床原理及应用机床"、"数控加工编程技术"和轴承专业知识，还需要熟练掌握"CAD/CAM"软件。

对于"服务型"数控人才，数控加工编程工艺员应具有良好的数学基础，更加熟悉产品的三维软件设计，精通产品的加工工艺；维修人员要以机、电、光和液（气）控制技术为基础，熟悉滚动轴承基础知识，掌握数控机床维护与维修的技术和技能，轴承生产和管理人员要以轴承套圈车工工艺、磨工工艺、轴承装配和检测为主等。

对于"管理型"人才，主要是指在企业从事基层生产单位的一线管理岗位，如生产班组长、工段长，现场生产调度，作业长等岗位人员，该部分人员首先需要掌握本车间的所有岗位的操作技能和相关的管理知识，并且能指导相关岗位人员的操作。其次，对企业的产品有所了解，知道本车间与企业产品的关联度及重要性。

2. 实践环节

在本次的调研中，就本专业的"实践性教学环节"的相关工作听取了包括毕业生和用人单位等利益相关者的意见和建议,几年来,通过强化校外"厂中校"、"校中厂"及校内实训基地的建设,严格各项措施的落实和制度保障,毕业学生和用人单位的认同感比较高,教学效果明显提高。建议在专业人才培养方案中加强学生专业技术技能及职业素养的培养,让学生多接触社会、多了解企业,适当加大理论与实践一体化教学环节的内容。

3. 对工作满意度评价

从学生调查反馈情况来看,大部分毕业学生对现在的工作满意度比较高。分析原因主要是学生在入学和就业的实践环节中,我校采用的 SP - CDIO 各级项目与就业生产实际工作岗位内容相对接,使得个人爱好与实际工作有了较平滑的过渡,到了企业工作后,没有过大的期望值落差,对工作的满意度也就很高。其次是因为学校比较重视学生职业规划和就业指导工作,使学生能正确了解社会,了解企业,从而踏入社会后能比较容易的接受企业现实情况。

（三）企业用人调查分析

1. 企业对毕业生专业能力和综合素质的评价

序号	企业名称	毕业生人数		毕业生专业能力				毕业生综合素质			
		2012届	2013届	好	较好	一般	较差	好	较好	一般	较差
1	阜阳轴承有限公司	10	8	10	3	5		9	3	6	
2	安徽临泉智创精机有限公司	4	6	6	2	2		6	3	1	
3	芜湖甬微集团	14	13	16	10	1		14	10	3	
4	上海克莱机电自动化有限公司	3	3	6				6			
5	中航安徽开乐特种车辆有限公司	4	4	4	1	3		5	2	1	
6	阜阳华峰精密轴承有限公司	5	4	6		2		5	2	2	
7	阜阳鼎铭汽车配件有限公司	8	7	9	1	5		10	3	2	
8	合肥明珠轴承有限公司	3	2	2	1	2		3	1	1	
	合计	51	47	59	19	20		58	24	16	

综合评价:通过调查不难发现,阜阳职业技术学院数控技术专业的毕业学生总体素质是好的,对企业纪律能较好地遵守,较少有违纪现象发生,对师傅和同事比较尊重,能虚心学习专业知识和岗位技术。大部分学生都能按时完成企业安排的生产任务,学生的学习能力和专业能力仍需进一步提高。

2. 用人单位的满意度评价

(1)调查企业评价意见汇总(问卷与座谈会形式)

序号	企业名称	人才培养模式			教学管理工作		
		很满意	满意	不满意	很满意	满意	不满意
1	阜阳轴承有限公司		√			√	
2	安徽临泉智创精机有限公司	√			√		
3	芜湖甬微集团	√			√		
4	上海克莱机电自动化有限公司		√			√	
5	中航安徽开乐特种车辆有限公司		√			√	
6	阜阳华峰精密轴承有限公司		√			√	
7	阜阳鼎铭汽车配件有限公司		√			√	
8	合肥明珠轴承有限公司		√			√	

(2)满意度评价

阜阳职业技术学院对学生的顶岗实习和就业工作高度重视,在实习期间对学生的日常管理较为正规,按照正常教学要求完成实践教学内容。但学校教学内容如何与企业的实际需求和新技术的发展要求结合,需要不断地研究。教学的组织管理形式如何与企业的实践对接,需要校企双方不断地互动磨合。

(3)相关企业的意见和建议

部分毕业生在顶岗实习和就业时对工作岗位的选择片面,对薪酬的要求期望偏高,认为薪酬待遇不能满足个人要求,使得自己所学的专业难以完全对口。

个别毕业生顶岗实习和就业后,易于安于现状,缺乏继续学习和自我学习的自觉性、主动性和进取精神。

部分毕业生的自身素质与用人单位的要求仍然存在差距,主要表现在专业知识面、沟通与协调能力方面的欠缺。企业建议:学校能加强拓宽学生的知识面,加强基本理论、基础知识的学习与训练；注重对学生的创新意识与开拓精神的培养；进一步加强校企合作，让学生从在校学习阶段到毕业前实习直至正式就业的全过程更好地实现与社会的良好对接。

七、毕业生跟踪调研启示

（一）加强职业素养的培养

学校要不断加强学生的思想道德教育，不断培养学生的职业道德，重点是培养学生吃苦耐劳、责任心、事业心、时间观念、敬业奉献和创新精神。为了增强职业教育的实效性，可邀请成功校友回校谈亲身体会，讲他们创业的艰辛与辉煌，激励在校的莘莘学子，奋发努力，立志成才；请用人单位领导来校作报告，讲授现代企业管理概论；同时，要加强学生的诚信教育，热爱工作，忠诚企业与社会。走进企业，让企业环境不断熏陶，逐步养成良好的职业素养。

（二）提升核心竞争力

素质教育是让学生全面发展的教育，学生综合能力的培养，既依靠于其自身对知识的探求，更要凭借其自身精神和行为的磨炼和修养。要精心组织学生开展诸如社会调查、社会服务、职业技能大赛及各类文体活动，融素质教育于活动之中；各类活动应注意考虑与专业培养相结合，同时要注重发挥不同学生个体的特点，力求做到让全体学生积极参与，人人受益，在各教学活动中全面提升核心竞争力。

（三）树立正确择业观

当学生刚刚进校后，学校就组织有经验的教师，加强专业技术教育，密切注意学生的思想动态，积极开展细致的思想工作，突出数控技术专业自身特点，要严抓质量，引导学生做好个人的职业规划；在顶岗实习和就业过程中，学校应根据市场和行业企业的需要，引导毕业生认清就业形势，明确就业方向，帮助他们做好就业定位。

（四）夯实专业技术技能

根据学生的不同兴趣爱好，全面激发学生的求知欲。根据"理论够用为度，注重能力培养"的原则，通过职业技能大赛和职业技能鉴定，系统地提升学生的各项实践技能，为学生毕业后尽快适应工作环境和获得良好的提升空间做好足够的技术技能储备。

数控技术专业（轴承方向）面向制造企业第一线，在教学内容上，要以培养学生能熟练从事产品的数控加工、编程；数控设备安装、调试与维修；轴承制造技术，以及车间生产和技术管理等一线高级技能型专门人才为目标。

（五）建立合作育人机制

根据学校"四双四共"育人机制，实现"工学一体"的育人环境，在专业人才培养方案制定时，基础知识部分内容可适当压缩，专业基础课略要加强；尤其实践教学需要加大力度；大力推动产学研结合，以实质性的支持鼓励和支持教师多下基层，走访企业，开发实用的技术和产品支持合作企业的发展，与企业建立长久的校企合作关系，形成"校企合作、工学一体"的良性互动局面。

附录三 数控技术专业毕业生跟踪调查表

尊敬的同学：

你好！

为了更好地贯彻"以市场为导向"的人才培养要求，了解企业对数控技术专业（轴承方向）人才的需求状况，以改进教学内容和方式，提高今后的人才培养质量，特制定此调查问卷，请你认真并如实填写以下问题，谢谢你的支持！

学生姓名		专业班级	
工作单位		单位地址	
联系电话		QQ 或 Email	

1. 经过就业，你认为学过的哪些专业课程对你最重要、最有用？

☐A. 机械制图　　　☐B. AutoCAD　　　☐C. 机械制造技术

☐D. 数控加工工艺　☐E. 数控编程与操作　☐F. 机床电气控制（PLC）

☐G. 电工电子技术　☐H. 轴承制造技术　☐I. 英语

☐J. CAM 软件　　　☐K. 计算机应用基础　☐L. 公差配合与测量技术

☐M. 机械工程材料与热处理　　　☐N. 数控机床故障诊断与维修

2. 经过工作，你认为哪些课程还应加强、加深？（填上题中的编号）

_____

3. 经过工作，你认为哪方面知识还应该加强？

_____

_____

4. 在你的工作岗位上，哪些实践环节是你最常用到的？

☐A. 钳工训练　　　☐B. 企业顶岗实习　　☐C. 数控编程操作实训

☐D. 机加工实习　　☐E. 数控机床操作实训☐F. CAD/CAM 综合训练

☐G. 轴承生产实训　☐H. SP－CDIO 项目　☐I. 数控机床保养、维护与维修

5. 在你的工作岗位上，哪些实践环节还应加强、加深？（填上题中的编号）

_____

6. 在你的工作岗位上，还应增加哪些实践环节？

_____

_____

7. 你认为哪些技术知识用得最多？

_____

_____

8. 毕业后你有没有换单位？

☐A. 有　　　　　　☐B. 没有

9. 你现在的工作岗位是什么？（详细填写）

_____

_____

10. 你对现在的工作岗位满意吗？

☐A. 满意　　　　　　☐B. 比较满意　　　　☐C. 不满意

11. 你现在的月工资是多少？

_____

_____

12. 你希望今后从事哪类工作？

_____

_____

13. 你对本专业的满意程度怎么样？

☐A. 满意　　　　☐B. 比较满意　　　☐C. 不满意　　　☐D. 无所谓

14. 你对本校的满意程度怎么样？

☐A. 满意　　　　☐B. 比较满意　　　☐C. 不满意　　　☐D. 无所谓

15. 与身边其他学校学生相比，你的竞争力在于哪个方面？

☐A. 专业知识　　　☐ B. 专业技能　　　☐C. 综合能力强

☐D. 上手快　　　　☐E. 人际关系处理好　　☐F. 其他（请注明）

16. 你对数控技术专业（轴承方向）有何建议？

_____

_____

学校联系人：刘贺崇

邮箱：fzygky@163.com

电话：0558－2179033

阜阳职业技术学院

数控技术专业毕业生跟踪调查小组

2014 年 6 月

附录四　数控技术专业毕业生就业单位跟踪调查表

尊敬的领导：

您好！

贵单位＿＿＿＿＿＿＿同志系我校＿＿＿届数控技术专业毕业生，感谢贵单位对我校毕业生的关心和培养。

为全面了解和掌握我校数控技术专业毕业生在企业岗位上的工作及成长状况，总结人才培养的经验，更好地为企业和用人单位服务，我校将定期进行毕业生跟踪调查。

烦请贵单位人力资源部门组织人员在百忙之中填写此表，不甚感谢！

一、用人单位及毕业生的基本情况

企业名称	（盖章）	
企业地址		
企业性质	（国有企业/民营企业/外资企业/其他）请划"√"	
毕业生姓名		现任职务
现任岗位		月薪(元)
填表人		联系电话

二、对我校数控技术专业毕业生能力与素质等方面的评价与建议

项　目	评价意见				建议
	好	较好	一般	较差	
基础理论知识					对我校毕业生工作情况的总体评价（请划"√"）：
专业技术技能					
计算机及外语水平					
动手操作能力					
团队协作意识					很满意□
独立处事与交往能力					满　意□
书面与语言表达能力					不满意□
分析与解决问题能力					
工作纪律和劳动态度					
社会公德和职业素养					

三、对学校在培养学生能力与素质方面的侧重点及建议

项目	侧重点			建议
	重要	一般	不重要	
专业技术技能				对我校毕业生就业情况的总体评价（请划"√"）：
实践动手能力				
组织管理能力				
自学和提高能力				
分析与解决问题能力				
书面与语言表达能力				很满意□
合作精神与沟通能力				满　意□
心理调节与适应能力				不满意□
社会公德和职业素养				
工作纪律和劳动态度				
创新协作精神				

学校联系人：刘贺崇
邮箱：fzygky@163.com
电话：0558－2179033

阜阳职业技术学院
数控技术专业毕业生跟踪调查小组
2014 年 6 月